国家中等职业教育改革发展示范学校建设项目成果教材

发酵调味品检验技术

主　编　何爱红　高国胜
参　编　徐立苹　杨小华　李朝春
　　　　时　磊　李贺楠
主　审　李连民

机 械 工 业 出 版 社

本书是基于工作过程和就业岗位的需求分析，根据发酵调味品产品的检测项目，以发酵调味品具体检测指标为导向，以食醋、酱油、腐乳等发酵调味品的检验工作过程为主线，按照任务驱动的模式来进行编写的。全书共分4个模块，主要内容包括发酵调味品感官检验技术、发酵调味品理化检验技术、发酵调味品卫生学检验技术和发酵调味品添加剂检验技术。

本书可作为中等职业技术学校食品、微生物技术及应用等专业的教材，同时可作从事或准备从事发酵调味品检验的人员的技术参考书，也可用于相关职业培训。

图书在版编目(CIP)数据

发酵调味品检验技术/何爱红，高国胜主编．—北京：机械工业出版社，2014.4

国家中等职业教育改革发展示范学校建设项目成果教材

ISBN 978-7-111-49245-0

Ⅰ.①发… Ⅱ.①何… ②高… Ⅲ.①调味品—食品检验—中等专业学校—教材 Ⅳ.①TS264

中国版本图书馆CIP数据核字(2015)第019904号

机械工业出版社(北京市百万庄大街22号 邮政编码100037)
策划编辑：宋 华 责任编辑：宋 华 陈 洁
责任校对：陈 越 责任印制：李 洋
北京圣夫亚美印刷有限公司印刷
2015年11月第1版第1次印刷
184mm×260mm·10.75印张·265千字
0001—1000册
标准书号：ISBN 978-7-111-49245-0
定价：34.00元

凡购本书，如有缺页、倒页、脱页，由本社发行部调换
电话服务 网络服务
服务咨询热线：010-88379833 机 工 官 网：www. cmpbook. com
读者购书热线：010-88379649 机 工 官 博：weibo. com/cmp1952
教育服务网：www. cmpedu. com
封面无防伪标均为盗版 金 书 网：www. golden-book. com

前　言

酿造技术是人类在防止食物腐败的斗争过程中，逐渐积累经验又加以创造而形成的一种专门技术。其结果不但防止了腐败，还产生了一类新型食品。食品工业的发展直接关系到国计民生，其发展离不开优秀专业人才的支撑，这些人才既需要具备现代的专业知识、理念和素质，又要具备较强的实践能力和创新能力。

本书是根据中等职业学校“以岗位需要为目标进行课程体系的设置”这一改革的需要，以“够用”“实用”为宗旨，突出实践技能的培养，将理论知识和操作技能有机地结合编写而成的，是食品类专业的一门核心课，它将原有的按学科体系设置的“食品发酵与酿造”“食品感官鉴别”“食品分析”“食品微生物学”和“仪器分析”课程进行有机的重组与整合，从而形成以岗位需要为体系的教材。全书共分为4个模块，包括20个检测任务。

本书结合了编者多年来的教学实践的改进和完善经验，力求做到语言简练，文字流畅，概念确切，思路清晰，重点突出，深度和广度适宜，注重理论联系实际，注重实用，突出技能。本书具体有以下特点。

（1）内容丰富　本书内容涉及20个检测任务，主要包括食品的感官检验技术、食品理化检验技术、食品微生物检验技术及现代仪器分析技术。

（2）内容新颖，强调先进性　在安排本书各检验任务之前，编者听取了发酵调味品行业多位专家的宝贵意见；在编写各任务的检验方法时，编者参照了食品行业的最新标准和相关资料，做到知识新、方法新、技术新、标准新，以适应当前技术发展的需要。

（3）实用性强　本书按照发酵调味品检验指标的难易程度安排任务内容，每个任务都以获得实践能力为主要目标，并且每个任务后面都附有一定数量的思考题。此外，每个任务都介绍了所用仪器设备的准备要求、试剂的详细配制方法和操作步骤、具体的结果计算方法及操作中应该注意的问题等。因此，本书不仅可用作相关专业的教学用书，同时也可以应用于相关企业的产品分析与检测。

本书由何爱红、高国胜任主编，李连民任主审，参加编写的还有徐立苹、杨小华、李朝春、时磊、李贺楠。

本书在编写过程中得到了北京六必居酿造食品有限公司、北京二商龙和食品有限公司和北京食品科学研究院的大力支持和热情帮助，在此一并表示衷心的感谢！

由于编者水平有限，编写时间仓促，书中不足之处在所难免，恳请各位专家和广大读者批评指正，并对本书提出宝贵意见。

编　者

目 录

模块一
发酵调味品感官检验技术

任务一 食醋的感官检验

学习目标

1. 知识目标

（1）理解食醋的分类及所含成分。

（2）理解食醋色、香、味的形成原因。

（3）掌握感官评价对人员、环境的基本要求。

（4）掌握酿造食醋和配制食醋的感官特征。

2. 能力目标

（1）会从感官上分辨出酿造食醋和配制食醋。

（2）会运用语言描述酿造食醋和配制食醋的感官特征。

（3）能根据国家标准对食醋运用感觉器官分辨出不合格产品。

3. 情感态度价值观目标

提高防范意识，保护自身利益。

任务描述

现有食醋样品若干，要求通过感官特征判断出食醋的加工工艺，并描述出酿造食醋和配制食醋的感官特征，依据国家标准（GB 18187—2000《酿造食醋》和 SB/T 10337—2012《配制食醋》）规定的食醋感官特征，从感官上判定食醋的质量指标是否符合国家标准。

任务流程

根据图 1-1 中的流程完成本任务。

实验准备 ⟶ 任务实施 ⟶ 色泽、体态的检验 ⟶ 香气的检验 ⟶ 滋味的检验 ⟶ 统计记录 ⟶ 考核评价

图 1-1 食醋感官检验流程

知识储备

一、食醋简介

1. 食醋的分类

食醋由于酿制原料和工艺条件不同，风味各异，没有统一的分类方法。按制醋工艺流程的不同可分为酿造食醋和配制食醋。酿造食醋是指单独或混合使用各种含淀粉、糖的物料或酒精，经微生物发酵酿制而成的液体酸味调味品，包括液态发酵食醋（如红曲老醋）和固态发酵食醋（如镇江香醋和山西陈醋等）。酿造食醋中的营养成分有氨基酸、糖、有机酸、维生素、无机盐及醇类，对人体的新陈代谢有好处。配制食醋是指以酿造食醋为主体，与冰乙酸（食用级，也称冰醋酸）、食品添加剂等混合配制而成的调味食醋。配制食醋中的营养素含量低于酿造食醋，不容易发霉变质，具有较好的调味作用。

2. 酿造食醋的主要成分

酿造食醋主要是以粮食为原料及菌种发酵，经过糖化、酒精发酵、醋酸发酵及后续消毒灭菌、加工包装而成的。酿造食醋具有色、香、味俱佳的特点，并含有丰富的营养成分。

（1）蛋白质和氨基酸　酿造食醋中含有0.05%～3.0%的蛋白质，氨基酸有18种，其中人体必需的8种氨基酸都具备。

（2）碳水化合物　酿造食醋中的糖类如葡萄糖、麦芽糖、果糖、蔗糖、鼠李糖等较多，这些成分对食醋的浓度及柔和感有着十分重要的调节作用，且具有较好的保健功能。

（3）有机酸　酿造食醋中的有机酸，尤其是醋酸的含量非常高，它可促进血液中抗体的增加，提高人体免疫力，有较好的杀菌和抑菌作用；除此之外还有乳酸、甲酸、柠檬酸、苹果酸、丙酮酸和琥珀酸等，这些物质能促进机体的新陈代谢和细胞内的氧化还原作用。

（4）维生素和矿物质　酿造食醋中含有维生素 B_1、维生素 B_2 及矿物质中的铁、钠、钙、锌、磷、铜等离子。

（5）香气成分　酿造食醋中的醋酸乙酯、乙醇、乙醛和3-羟基丁酮等赋予食醋特殊的芳香及风味。

二、不同类别食醋色、香、味的差异分析

1. 色泽

酿造食醋色泽的形成有三个方面：一是由原料成分带入；二是在加工过程中由美拉德反应、酶褐变反应、棕黄反应、氧化还原反应等化学反应产生；三是微生物菌体本身带色或由代谢产生。研究分析表明，酿造食醋的着色成分有近30种。用固态发酵法制醋时，五碳糖的反应性较六碳糖强，麸皮用量大，食醋颜色为深褐色或黑紫色，色泽光亮，无沉淀。液态发酵食醋呈琥珀色、浅红棕色或该品种的色泽（如江浙玫瑰醋为玫瑰红色），色泽鲜亮，无沉淀。

配制食醋的色泽略浅于主体醋，呈黄棕色（因主体醋的加入量为50%），另带有添加剂（增色剂）的色泽，无光泽，无沉淀；而用冰乙酸和食品添加剂等混合配制而成的配制食醋，其色泽就是添加剂（增色剂）固有的色泽。

2. 香气

酿造食醋的香气成分对品质的评价至关重要，它来源于酿醋原料和发酵过程，香气成分包括酯、醇、醛、酸、酚和双乙酰等，虽然含量极少，但不同的配比赋予不同类别的食醋特

殊的芳香，各种食醋的香气特征是它们的香气成分的平衡表现。固态发酵食醋醇香、酯香突出，老陈醋具有熏香和酯香，香醋具有醇香芬芳和特有的酯香；液态发酵食醋有独特的浓郁香气。

配制食醋中只有50%左右的基体醋，其香气淡于主体醋，酸味较浓。尤其有些不符合国家标准的配制食醋，用冰乙酸和食品添加剂等混合配制而成的配制食醋，无香气成分，故该醋无酿造食醋的香气，只有刺激的酸味。

3. 滋味

酿造食醋的滋味来源于酿醋原料经微生物发酵后产生的游离氨基酸、有机酸和糖类等物质，这些成分有机地结合形成不同类别的食醋的独特滋味。酿造食醋中存在18种游离氨基酸，不同的氨基酸能产生鲜、甜、苦、酸等不同味觉，这些都构成酿造食醋的滋味。酿造食醋除氨基酸为重要组成外，还有以乙酸为主的多种有机酸，它影响食醋风味，乙酸是酸味的主体，约占有机酸总量的90%。酿造食醋中糖类来源于原料，经糖化变为发酵性糖构成食醋的甜味。水果醋中不挥发酸含量高，刺激性小，酸味柔和，口感酸而微甜，回味绵长，无苦涩异味；液态发酵食醋以粮谷类为主要原料，酸味主要来源于有机酸，大部分是挥发酸，酸中带甜，味醇厚，酸味柔和，无异味。

配制食醋由于采用基体醋稀释、勾兑，改变了醋中各种有机成分的配比，并添加了一定含量的冰乙酸及其他添加剂，使得该醋酸中带涩，无甜味，酸味强烈，刺激味感器官。现在市场上有些酿造食醋在一定的醋基上兑入冰乙酸使乙酸含量极高，远远超出国家标准的要求，已改变了食醋的口味和风格，使得口感极酸且带有苦味。

4. 体态

酿造食醋的生产工艺、原料不同，致使不同类别的酿造食醋的体态感官差异较大。固态发酵食醋浓度适当，澄清、无沉淀、无悬浮物，相对密度为1.1~1.2。液态发酵食醋浓度适宜，澄清、无沉淀、无悬浮物，相对密度为1.0~1.1。配制食醋的外观体态较稀，澄清、无沉淀，如用质量较差的增色剂，则会产生浑浊、沉淀。

三、食醋感观鉴别的意义

凭感官来鉴定产品质量，一直是食品工业评定各种产品质量不可缺少的重要方面，发酵调味品也不例外。当前，科学技术发展日新月异，测试手段不断完善，但仍不能完全以理化分析来代替感官鉴定。在固态食醋生产的全过程中，我们用感官检验的方法来掌握生产过程中各环节质量，对指导食醋生产既方便又及时，是一种必不可少的检测手段。

四、感官评价简介

感官评价是用于唤起、测量、分析和解释产品，通过视觉、嗅觉、触觉、味觉和听觉对食品感官品质所引起反应的一种科学的方法。它是以“人”为工具，利用科学客观的方法，借助人的眼睛、鼻子、嘴巴、手及耳朵，并结合心理、生理、物理、化学及统计学等学科，对食品进行定性、定量的测量与分析，了解人们对产品的感受或喜欢程度，并测知产品本身质量的特性。在食品检验中，通常将感官指标分为色、香、味、形四类；可分别通过视觉、嗅觉、味觉和触觉来鉴定和评价。食醋的感官指标亦常用色泽、香气、滋味、体态来描述，其中色泽和体态属外观指标，可用眼来观察；香气和滋味则由嗅觉和味觉器官来鉴定。

五、国家标准对食醋的感官要求

通常对食醋的质量控制主要依据国家标准中的感官指标、理化指标和卫生指标。食醋作为调味品，其理化指标和卫生指标要合格，感官指标同样要达标。食醋的感官指标主要是食醋的香气、色泽、滋味和体态。国家标准（GB 18187—2000）规定，酿造食醋的感官特性应符合表1-1；对于配制食醋，国家没有强制性标准，行业标准（SB/T 10337—2012）规定配制食醋的感官要求应符合表1-2。

表1-1　酿造食醋（GB 18187—2000）感官特性

项目	要　求	
	固态发酵食醋	液态发酵食醋
色泽	琥珀色或红棕色	具有该品种固有的色泽
香气	具有固态发酵食醋特有的香气	具有该品种特有的香气
滋味	酸味柔和，回味绵长，无异味	酸味柔和，无异味
体态	澄　清	

表1-2　配制食醋（SB/T 10337—2012）感官特性

项目	要　求	项目	要　求
色泽	具有产品应有的色泽	滋味	酸味柔和，无异味
香气	具有产品特有的香气	体态	澄清

任务实施

一、实验准备

1. 品评室环境要求

◆ 检查环境的目的是防止品评员疲劳。

（1）温度、湿度　一般温度要求为20~25 ℃，相对湿度约为60%。

（2）噪声　安静、不喧闹，25 dB以下，以免分散检验员的注意力。

（3）换气　应有通外的强制通风设备。

（4）照明　宜在散射光下进行，而不宜在直射阳光或灯光下进行。当不得不在灯光下检验时，应使用日光灯，照度约为500 lx。

（5）检验场所整体要求　墙壁颜色以浅色或浅灰色为宜，壁材应是无毒无味涂料，无耀眼的颜色存在；空气清新，无烟味、臭味、香味、霉味和陈宿味。

（6）空间要求　品评室应与样品准备室、品评员休息等待室相邻。

2. 挑选参加评定的人员

1）具备健康的感觉器官，要注意累积实践经验，能准确掌握和描述正常样品的感观性状。

2）饭前1 h或饭后2 h进行。注意在评定前12 h不喝酒，不吸烟，不吃辛辣等刺激性食物，防止对味觉检验产生干扰。

3. 实验器材

1）移液管。

2）具塞比色管。

3）锥形瓶。

4）量筒。

5）烧杯。

二、感观评定

1. 样品编号

将要陈列给品评员的样品分别编上号码，实验组织者或者样品制备人员不能告知品评员编号的含义或给予任何暗示。

2. 样品评定

由评定小组成员按照下列程序依次对食醋的色泽、香气、滋味、体态进行感官特征评定并进行描述，然后根据国家标准从感官上判断是否合格，如实填写记录单。

（1）色泽、体态的检验　将样品摇匀后，量取2 mL放于25 mL具塞比色管中，在白色背景上观察，鉴定其颜色。并对光观察其澄清度及有无沉淀物。食醋一级品应是琥珀色或棕红色，二级品为浅琥珀色或浅棕红色，无其他不良色泽，体态澄清，无悬浮物及沉淀物。

（2）香气的检验　用量筒量取样品50 mL放于150 mL锥形瓶中，轻轻摇动锥形瓶，嗅其气味。合格的产品应具有食醋所特有的香气和醋香(对一级品的要求)，无不良气味。

（3）滋味的检验　吸取样品0.5 mL滴于口内，然后涂布满口，反复吮咂，鉴别其滋味优劣及后味长短。第二次品尝时，需用清水漱口后进行。优良的食醋应酸味柔和，稍有甜口、醇香、无涩、无异味。

3. 评定注意事项

1）检验时先用温水漱口。

2）一个样品的嗅觉和味觉检验完后要稍休息一定时间后再评定下一个样品，并用清水漱口。

3）多个样品的检验应按气味、滋味强度从轻到重的顺序进行，以防造成错觉。

4）检验时间不宜过长，以防感觉器官疲劳。

三、统计评价结果

将评价结果填写在表1-3中。

表1-3　食醋感观评定结果

样品编号 / 状态 / 项目	1	2
色泽		
香气		
滋味		
体态		

任务考核

请根据表1-4进行任务考核。

表 1-4　食醋感观检验考核表

考核项目	考核内容	标　准	个人评价	教师评价
过程考核	实验准备	正确制备样品		
实验准备	感官评价	准确描述食醋的感官特征		
		正确分辨不合格产品		
职业素养	团结协作能力	工作中分工合作良好		
	诚实守信的个人品德	遵守工作过程，诚实地完成每项工作		

知识拓展

一、排序检验法在食醋感官评价中的应用

排序检验法是人们通过感觉器官来比较多个食品样品，针对某一个质量特征，按其强度或嗜好程度，将样品排出顺序的一种感官评价方法。排序法在味觉灵敏度测试、同类产品比较、新产品配方的筛选和消费者喜好调查等食品感官分析中得到了广泛的应用。魏永义和张臻(2013)采用排序检验法对食醋的质量好坏进行评价，为食醋的新产品开发及食醋的感官品质评价提供一种科学的感官评价方法。具体做法是由 10 名评价员组成评定小组，对食醋的香气、色泽、滋味和体态四个指标进行质量好坏的综合评价，并根据质量好坏对五个食醋样品排序，并把评价结果填写在表上。要求感官评定人员在评定前 12 h 不喝酒，不吸烟，不吃辛辣等刺激食物，每感官评定一个样品后，要以清水漱口并间隔 10 min，再感官评定下一个样品。

二、定量描述法在食醋感官评价中的运用

定量描述分析是 20 世纪 70 年代发展起来的，它使用非线性结构的标度来描述评估特性的强度，通常称为 QDA 图或蜘蛛网图，并利用该图形态变化定量描述试样的品质变化，这种方法对质量控制、质量分析、确定产品之间差异的性质、新产品研制、产品品质的改良等方面最为有效，已在一些食品的感官评定中得到了应用。魏永义(2012)等采用定量描述分析法对食醋进行感官评定，主要目的是为食醋感官品质的评定提供一种比较科学有效的方法。

实践中，由经过感官品评培训并进行筛选后的 10 名品评员组成评定小组，对食醋的感官特性指标逐项进行评定打分，全部评定结束后，收集每一位品评员对食醋的评价结果，进行统计分析，采用蜘蛛网图表示。工作中采用 9 点数字标度为评分标尺，由低到高来表示感官特性由弱到强的变化。感官品评员各自对食醋样品进行品评(每品尝完一个后要进行漱口再品尝下一个)，然后独立记录能反映食醋产品颜色、光泽、酸味、醋香等感官特征的描汇，并给出每个词汇的定义。

思考与练习

1. 食醋中含有哪些成分？
2. 什么是食品感官鉴别？
3. 感官检验在食醋的质量鉴别中起着什么样的作用？
4. 一级食醋应具备哪些感官特征？

任务二　腐乳的感官检验

学习目标

1. 知识目标

（1）理解腐乳色、香、味的形成原因。

（2）掌握腐乳色泽、滋味、香气、组织形态的感官特征。

（3）掌握描述性分析实验原理及检验程序。

2. 能力目标

（1）会从感官上分辨腐乳质量的优劣。

（2）能对样品的感官性质进行定性描述。

（3）能对样品的感官性质进行定量分析，能从强度或程度上对这些性质进行说明。

3. 情感态度价值观目标

（1）认识到腐乳感官检验的重要性和发挥的巨大作用。

（2）增强团队合作能力。

任务描述

现有腐乳样品若干，要求通过感官特征判断出腐乳的品种，描述腐乳的感官特征（包括色泽、香气、滋味、组织形态），并作记录。鉴定结束后，针对腐乳的感官特征进行讨论，选定大家都同意的合适描述语句。依据行业标准（SB/T 10170—2007《腐乳》）规定的腐乳感官特征，从感官上判定腐乳的质量指标是否符合行业标准。

任务流程

根据图 1-2 中的流程完成本任务。

实验准备 → 任务实施 → 色泽、组织形态的检验 → 香气的检验 → 滋味的检验 → 统计记录 → 考核评价

图 1-2　腐乳感官检验流程

知识储备

一、腐乳简介

腐乳是以大豆为原料，经加工磨浆、制坯、培菌发酵而成的一种口味鲜美、风味独特的调味、佐餐食品，是我国传统的大豆发酵制品，在众多豆制品中占有十分重要的地位。我国豆腐乳的产地遍及全国，其品种繁多，分类也相当复杂。根据后发酵添加配料不同，大致可以分为红腐乳与白腐乳；根据发酵使用的微生物不同，可分为细菌型腐乳和霉菌型腐乳。与豆腐相比，腐乳中水分及脂肪含量较低，蛋白质、纤维素和灰分含量较高，并且大豆蛋白的消化率和生物价得到了极大的提高。在腐乳的生产过程中，由于微生物发酵，大豆的苦腥味及胀气因子、抗营养因子等被克服，同时产生了多种具有香味的有机酸、醇、酯和氨基酸等，从而形成了腐乳独特的风味。

二、腐乳色泽、滋味、香气、组织形态的优劣分析

1. 色泽

（1）良质腐乳　红方（红腐乳）表面呈红色或枣红色，内部呈杏黄色，色泽鲜艳，有光泽。白方（白腐乳）外表呈乳黄色或黄褐色，青方（青腐乳）外表呈豆青色，酱方（酱腐乳）外表呈酱褐色或棕褐色，表里色泽都基本一致。

（2）次质腐乳　各种腐乳色泽不鲜艳，变得暗淡。

（3）劣质腐乳　色调灰暗，无光泽，有黑色，绿色斑点。

2. 滋味

（1）良质腐乳　滋味鲜美，咸淡适口，无任何其他异味。

（2）次质腐乳　滋味平淡，口感不佳。

（3）劣质腐乳　有苦味、涩味、酸味及其他不良滋味。

3. 香气

（1）良质腐乳　具有各品种的腐乳特有的香味或特征气味，无任何其他异味。

（2）次质腐乳　各品种腐乳特有的气味平淡。

（3）劣质腐乳　有腐臭味、霉味或其他不良气味。

4. 组织形态

（1）良质腐乳　块形整齐均匀，质地细腻，无霉斑、霉变及杂质。

（2）次质腐乳　块形不完整，质地不细腻。

（3）劣质腐乳　质地稀松或变硬板结，有蛆虫，有霉变现象。

三、腐乳感官检测的意义

腐乳是中华民族独特的调味品，素有东方乳酪之美称。中国地大物博，名特腐乳较多，众多腐乳品种，五光十色的腐乳包装、标志，到底怎样选择、品评显得很重要。感官检验能直接对腐乳的感官性状做出判断，可察觉异常现象的有无，对腐乳的可接受性作出判断，并据此提出必要的理化检测和微生物检验项目，便于腐乳质量的检测和控制。

四、国家标准对腐乳的感官要求

通常对腐乳的质量控制主要依据行业标准中的感官指标、理化指标和卫生指标。腐乳作为调味品，其理化指标和卫生指标要合格，感官指标同样要达标。腐乳的感官指标主要是指腐乳的色泽、滋味、气味、组织形态（有无杂质）。根据行业标准 SB/T 10170—2007 的规定，腐乳的感官特性应符合表 1-5。

表 1-5　腐乳（SB/T 10170—2007）感官特性

项目	要求			
	红腐乳	白腐乳	青腐乳	酱腐乳
色泽	表面呈鲜红色或枣红色，断面呈杏黄色或酱红色	呈乳黄色或黄褐色，表里色泽基本一致	呈豆青色，表里色泽基本一致	呈酱褐色或棕褐色，表里色泽基本一致
滋味、气味	滋味鲜美，咸淡适口，具有红腐乳特有香味，无异味	滋味鲜美，咸淡适口，具有白腐乳特有香味，无异味	滋味鲜美，咸淡适口，具有青腐乳特有香味，无异味	滋味鲜美，咸淡适口，具有酱腐乳特有香味，无异味

（续）

项目	要　求			
	红腐乳	白腐乳	青腐乳	酱腐乳
组织形态	块形整齐，质地细腻			
杂质	无外来可见杂质			

任务实施

一、实验准备

1. 品评室环境要求(具体要求同模块一项目一)

2. 挑选参加评定的人员

1）具备健康的感觉器官，要注意累积实践经验，能准确掌握和描述正常样品的感观性状。

2）饭前 1 h 或饭后 2 h 进行。注意在评定前 12 h 不喝酒，不吸烟，不吃辛辣等刺激性食物，防止对味觉检验产生干扰。

3. 实验器材

◆ 充分将容器洗净且干燥后使用，使用的容器不能有异味。

1）白色小碟(或白瓷器)。

2）水果刀。

3）玻璃棒。

4）小勺。

5）竹筷。

6）烧杯。

7）感量为 0. 000 1 g 分析天平。

8）游标卡尺。

9）纯净水。

10）废液缸。

二、样品编号

将要陈列给品评员的样品分别编上号码，可以用数字或者拉丁字母组合表示，注意实验组织者或者样品制备人员不能告知品评员编号的含义或给予任何暗示。

注意：各试样的温度相同，品评容器相同，数量相同。

三、感官评定

品评员对所提供的样品进行评价，描述出腐乳的感官特征(包括色泽、香气、滋味、组织形态)，并作记录。

1. 色泽、组织形态的检验

轻轻取出整块要被鉴定品评的腐乳样品，放在白色小碟上，观察腐乳的规格和颜色，然后用小刀轻刮腐乳表面，刮去附着的汤料，把腐乳从中间切开，翻起切面，观察腐乳内部的颜色及切面的光泽程度。

2. 香气的检验

取样品直接嗅其气味。

3. 滋味的检验

挑取一点腐乳放入口中，品尝其滋味和细腻程度。品尝时先把样品放在舌尖轻轻舔一下，感觉其粗细、硬度、腻滑程度，然后把溶化的腐乳移至口腔后部，细细咀嚼并在舌与上腭之间摩擦，品尝滋味。

4. 评定注意事项

1）检验时先用温水漱口。

2）一个样品的嗅觉和味觉检验完后要稍作休息，间隔一定时间后再评定下一个样品，并用清水漱口。

3）多个样品的检验应按照气味、滋味强度从轻到重的顺序进行，以防造成错觉。

4）品评时间不宜过长，以防感觉器官疲劳。

四、统计评价结果

将评价结果填写在表 1-6 中。

表 1-6　腐乳感官评定结果

样品编号 / 状态 / 项目	1	2
色泽		
香气		
滋味		
组织状态		

任务考核

请根据表 1-7 进行任务考核。

表 1-7　腐乳感官检验任务考核

考核项目	考核内容	标　准	个人评价	教师评价
过程考核	实验准备	正确制备样品		
	感官评价	准确选择一个不同的样品		
		正确分辨不合格产品		
职业素养	团结协作能力	工作中分工合作良好		
	诚实守信的个人品德	遵守工作过程，诚实地完成每项工作		

知识拓展

一、电子舌的基本原理及系统构成

电子舌是一种以低选择性、非特异性、交互敏感的多传感阵列为基础，感测未知液体样

品的整体特征响应信号，应用化学计量学方法，对样品进行模式识别和定性与定量分析的检测技术。电子舌主要由味觉传感器阵列、信号采集系统和模式识别系统三部分组成。其中味觉传感器阵列模拟生物系统中的舌头，对不同“味道”的被测溶液进行感知；信号采集系统模拟神经感觉系统采集被激发的信号传递到计算机模式识别系统中；模式识别系统即发挥生物系统中大脑的作用对信号进行特征提取，建立模式识别模型，并对不同被测溶液进行区分辨识。因此，电子舌也被称为智能味觉访生系统，是一类新型的分析检测仪器。电子舌系统基本构成如图 1-3 所示。

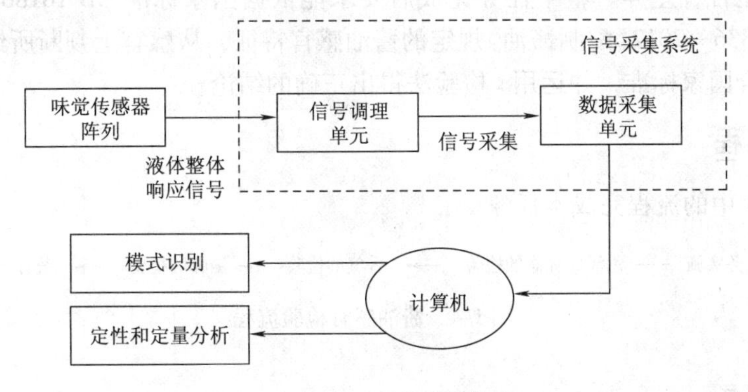

图 1-3　电子舌的基本构成

二、电子舌技术在食品分析中的运用

电子舌技术在食品领域中主要应用于食品溯源、食品新鲜度、食品品质分级和食品生产过程中的质量监控等方向。日本九州大学设计的多通道类脂膜味觉传感器能有效鉴别啤酒、日本米酒、牛乳等多种食品。

思考与练习

1. 腐乳中含有哪些成分？
2. 行业标准对红腐乳的色泽、滋味、气味要求是什么？
3. 感官检验方法在腐乳的质量鉴别中起着什么样的作用？
4. 腐乳感官要求依据是什么？

任务三　酱油的感官检验

学习目标

1. 知识目标

（1）理解酱油的分类及所含成分。

（2）理解酱油色、香、味的形成原因。

（3）掌握食品感官分级实验评分法。

（4）理解酿造酱油和配制酱油的感官特征差异。

2. 能力目标

（1）会从感官上分辨出酿造酱油和配制酱油。

（2）会运用评分检验法评价酿造酱油的感官特性。

（3）会运用评分检验法评价配制酱油的感官特性。

（4）能根据国家对酱油的感官标准运用感觉器官辨别出不合格产品。

任务描述

现有两个酱油样品，要求通过感官分辨出样品的加工工艺，并描述出这两个样品的感官特征，然后根据相应的评分标准作出合理评分，综合分析酱油的色泽、香气、滋味、体态，判断样品之间是否有差异。整个任务完成后要求能依据国家标准 GB 18186—2000《酿造酱油》和 SB/T 10336—2012《配制酱油》规定的酱油感官特征，从感官上判断所给酱油样品的感官指标是否符合国家标准，并运用 t 检验法得出正确的结论。

任务流程

根据图 1-4 中的流程完成本任务。

实验准备 → 任务实施 → 色泽、体态的检验 → 香气的检验 → 滋味的检验 → 统计记录 → 考核评价

图 1-4　酱油感官检验流程

知识储备

一、酱油简介

酱油是我国传统的酿造调味品，是以豆粕、麸皮、大豆等为原料经曲霉发酵酿造制得的，含有多种氨基酸、维生素、无机盐等营养成分，混合了鲜味、甜味、酸味、酒香、酯香和咸味等多种风味的调味品。酱油能增加菜肴的色泽、香气和味道，促进食欲，调节口味，帮助消化。由于其独特的风味、色泽及很高的营养价值，酱油已成为我国、日本、韩国、东南亚各国乃至欧美人民饮食生活中不可或缺的调味品。

然而，由于一些不法分子为了谋取更多利益，使得为数不少的伪劣产品冲击消费市场，以假乱真。由于酱油使用的日常化，引导消费的宣传也未跟上，导致一些人对酱油认识不足。社会上还流传着“酱油越稠越好，色越深越好”等片面甚至错误的看法。更有一些盲目崇拜“名牌”的消费者，对酱油最本质的特色——酱香是什么气味都没有感受，只知道某品牌(实际上有些是冒牌)，自然就谈不上对酱油营养价值的认识和如何鉴别其质量的优劣了。

随着人们生活水平、生活质量及消费意识的提高，人们对酱油产品品质的要求也越来越高。不仅要求理化指标、卫生指标要完全达到国家标准，而且要求感官指标也必须合格，达到消费者对产品品质的要求。酱油感官性状是决定其质量好坏的重要因素，而感官评价是判断感官性状的唯一手段。

二、酱油的发酵工艺及色、香、味的生成

1. 发酵工艺

酱油发酵工艺不同，其产品风味也不同。高盐稀态、低盐固态等工艺选择的酿造条件不同，使得产品风味各异。高盐稀态工艺酿制的酱油酱香、醇香等优于低盐固态，但由于发酵温度低，产品色泽较淡。

2. 色泽

酱油生产过程中的全部生色过程几乎都是加热褐变反应，是氨基化合物和羰基化合物之间的美拉德反应。

3. 香气

酱油的香气是由曲霉、酵母菌、细菌的微妙生理作用的协调酿造而产生的，是化学、物理、生物化学现象。

4. 滋味

酱油的甜味来自糖类，酱油的酸味来自以乳酸为主的有机酸类，咸味来自大量的食盐(17%左右)。

三、酱油感官检验的意义

感官检验可鉴别酱油质量，对酱油的可接受性做出判断。另外，感官检验不仅能直接对酱油的感官性状做出判断，而且可察觉异常现象的有无，并据此提出必要的理化检测和微生物检验项目，便于酱油质量的检测和控制。

四、评分法简介

评分检验法是经常使用的一种感观评价方法。评分法是指按预先设定的评价基准，对试样的特定和嗜好程度以数字标度进行评定，然后换算成得分的一种评价方法。在评分法中，所用的数字标度为等距或比率标度，如 1～10(10 级)，增加品评员评价结果的精度。运用评分法可同时评价一种或多种产品的一个或多个指标的强度及其差别。

五、国家标准对酱油的感官要求

对酱油的质量控制通常依据国家标准中的感官指标、理化指标和卫生指标。酱油作为调味品，其理化指标和卫生指标要合格，感官指标同样要达标。酱油的感官指标主要是酱油的香气、色泽、滋味和体态。根据国家标准 GB 18186—2000 的规定，酿造酱油的感官特性应符合表 1-8；对于配制酱油，国家没有强制性标准，根据行业标准 SB/T 10336—2012 的规定，配制酱油的感官特性应符合表 1-9。

表 1-8 酿造酱油(GB 18186—2000)感官特性

<table>
<tr><td rowspan="3">项目</td><td colspan="8">要求</td></tr>
<tr><td colspan="4">高盐稀态发酵酱油(含固稀发酵酱油)</td><td colspan="4">低盐固态发酵酱油</td></tr>
<tr><td>特级</td><td>一级</td><td>二级</td><td>三级</td><td>特级</td><td>一级</td><td>二级</td><td>三级</td></tr>
<tr><td>色泽</td><td colspan="2">红褐色或浅红褐色，色泽鲜艳，有光泽</td><td colspan="2">红褐色或浅红褐色</td><td>鲜艳的深红褐色，有光泽</td><td>红褐色或棕褐色，有光泽</td><td>红褐色或棕褐色</td><td>棕褐色</td></tr>
<tr><td>香气</td><td>浓郁的酱香及酯香气</td><td>较浓的酱香及酯香气</td><td colspan="2">有酱香及酯香气</td><td>酱香浓郁，无不良气味</td><td>酱香较浓，无不良气味</td><td>有酱香，无不良气味</td><td>微有酱香，无不良气味</td></tr>
<tr><td>滋味</td><td colspan="2">味鲜美，醇厚，鲜、咸、甜适口</td><td>味鲜，咸甜适口</td><td>鲜咸适口</td><td>味鲜美，醇厚，咸味适口</td><td>味鲜美，咸味适口</td><td>味较鲜，咸味适口</td><td>鲜咸适口</td></tr>
<tr><td>体态</td><td colspan="8">澄清</td></tr>
</table>

表 1-9　配制酱油（SB/T 10336—2012）感官特性

项目	要　求	项目	要　求
色泽	棕红色或红褐色	滋味	鲜咸适口
香气	有酱香气，无不良气味	体态	澄清

任务实施

一、实验准备

1. 品评室环境要求（具体要求同模块一项目一）

检查环境的目的是防止品评员疲劳，便于集中检查。

2. 挑选参加评定的人员

1）具备健康的感觉器官，要注意累积实践经验，能准确掌握和描述正常样品的感观性状。

2）饭前 1 h 或饭后 2 h 进行。在评定前 12 h 不喝酒，不吸烟，不吃辛辣等刺激性食物，防止对味觉检验产生干扰。

3. 实验器材

充分将容器洗净且干燥后使用，使用容器不能有异味。

1）移液管。

2）具塞比色管：25 mL。

3）锥形瓶。

4）量筒：50 mL。

5）烧杯。

6）纯净水。

7）胶头滴管。

8）废液缸。

二、样品编号

将要陈列给品评员的样品分别编上号码，可以用数字或者拉丁字母组合表示，注意实验组织者或者样品制备人员不能告知品评员编号的含义或给予任何暗示。

注意试样的温度相同，品评容器相同，数量相同。

三、感官评定

品评员用胶头滴管取少许酱油样品，蘸在舌尖处，涂布满口，停留几秒，鉴别其滋味及后味长短，以色泽、香气、滋味、体态辨别质量优劣，辨别为何种工艺并进行评分（高盐稀态酱油评价标准见表 1-10，低盐固态酱油评价标准见表 1-11），根据国家标准从感官上判断是否合格，如实填写记录单。

1. 色泽的检验

将样品摇匀后，放入具塞比色管中或置于加塞且无色透明的容器中或瓷质白色碗中在白色背景下观察。符合标准的酱油应呈棕褐色或红褐色，色泽鲜艳，有光泽，不发黑；劣质酱油色泽发乌，浑浊，灰暗而无光泽。

2. 香气的检验

将样品定量放置在有塞量瓶、锥形瓶或比色管中微微摇动后，立即嗅其气味。符合标准的酱油应具有酱香或酯香等特有的芳香味，无其他不良气味；劣质酱油无酱油的芳香或香气平淡，并有焦煳、酸败、霉变和其他令人厌恶的气味。

3. 滋味的检验

吸取样品 0.5 mL 滴于口内，然后涂布满口，反复吮咂，鉴别其滋味优劣及后味长短。普通酱油感觉不到有任何苦味，氨基酸产生的是鲜味。符合标准的酱油味道鲜咸适口，味醇厚，稍有甜味，无异味。劣质酱油无酱香味，有酸、苦、涩、霉等异味和焦煳味。

4. 体态的检验

将样品注入比色管中，通过振摇并存放一段时间后，对光观察浊度、悬浮物、沉淀情况。再完全放入白色瓷器后缓慢摇动，观察其浓度、有无杂质及光泽情况。符合标准的酱油应澄清、无霉花浮膜、无肉眼可见悬浮物、无沉淀、浓度适中；劣质酱油浑浊，有较多的沉淀和霉花浮膜。

5. 评定注意事项

1）检验时先用温水漱口。

2）一个样品的嗅觉和味觉检验完后要稍休息一定时间后再评定下一个样品，并用清水漱口。

3）多个样品的检验应按气味、滋味强度从轻到重的顺序进行，以防造成错觉。

4）检验时间不宜过长，以防感觉器官疲劳。

5）优质酱油含有较多的有机物质，将它倒入碗内，用筷子搅拌时起泡多，并且泡沫不易消失。质量差的酱油搅拌起来泡沫少，并且易消失。

表 1-10　高盐稀态发酵酱油（含固稀发酵酱油）评价标准

项目	标准	
色泽	红褐色或浅红褐色，色泽鲜艳，有光泽	10 分
	红褐色或浅红褐色	6 分
	色泽发乌，浑浊，灰暗而无光泽	2 分
香气	浓郁的酱香及酯香气	10 分
	较浓的酱香及酯香气	8 分
	有酱香及酯香气	6 分
	无芳香或香气平淡，并有焦煳、酸败、霉变和其他令人厌恶的气味	2 分
滋味	味鲜美，醇厚，鲜、咸、甜适口	10 分
	味鲜，咸甜适口	8 分
	鲜咸适口	6 分
	无酱香，有酸、苦、涩、霉等异味和焦煳味	2 分
体态	澄清	10 分
	有沉淀产生	5 分

表 1-11　低盐固态发酵酱油评价标准

项目	标　　准	
色泽	鲜艳的深红褐色，有光泽	10 分
	红褐色或棕褐色，有光泽	8 分
	红褐色或棕褐色	6 分
	棕褐色	5 分
	色泽发乌，浑浊，灰暗而无光泽	2 分
香气	酱香浓郁，无不良气味	10 分
	酱香较浓，无不良气味	8 分
	有酱香，无不良气味	6 分
	微有酱香，无不良气味	5 分
	无芳香或香气平淡，并有焦煳、酸败、霉变和其他令人厌恶的气味	2 分
滋味	味鲜美，醇厚，咸味适口	10 分
	味鲜美，咸味适口	8 分
	味较鲜，咸味适口	6 分
	鲜咸适口	5 分
体态	澄清	10 分
	有沉淀产生	5 分

注：低于或等于 2 分的酱油属于劣质酱油。

四、结果分析与判断

1. 评分结束

将评分结果填写在表 1-12 中。

表 1-12　品评员评分结果

评分项目＼样品编号	1	2
色泽		
香气		
滋味		
体态		
总得分		

统计评价结果，将结果填入表 1-13 中(以 10 位品评员为例统计)。

表 1-13　评价结果

评价员		1	2	3	4	5	6	7	8	9	10	合计	平均值
样品	A												
	B												

（续）

评价员		1	2	3	4	5	6	7	8	9	10	合计	平均值
评分差	d												
	d^2												

2. 用 t 检验解析

计算检验结果，t =＿＿＿＿＿＿；查 t 分布表（见表1-14）得出＿＿＿＿＿＿。

表1-14　t 分布表

自由度	显著水平		自由度	显著水平		自由度	显著水平	
	5%	1%		5%	1%		5%	1%
3	3.182	5.814	9	2.262	3.250	15	2.131	2.947
4	2.776	4.604	10	2.228	3.169	16	2.120	2.921
5	2.571	4.032	11	2.201	3.106	17	2.110	2.898
6	2.447	3.707	12	2.179	3.055	18	2.101	2.878
7	2.365	3.499	13	2.160	3.012	19	2.093	2.861
8	2.306	3.355	14	2.145	2.977	20	2.086	2.845

任务考核

请根据表1-15进行任务考核。

表1-15　酱油感官检验任务考核

考核项目	考核内容	标　　准	个人评价	教师评价
过程考核	实验准备	正确制备样品		
	感官评价	准确对酱油进行评分		
		正确分辨不合格产品		
职业素养	团结协作能力	工作中分工合作良好		
	诚实守信的个人品德	遵守工作过程，诚实地完成每项工作		

知识拓展

一、电子鼻的基本原理及系统构成

电子鼻是一种新型的识别、分析及检测复杂风味化合物和大多数挥发性物质的仪器。与传统化学分析仪器不同，电子鼻得到的不是待检测样品中某几种成分的定性及定量结果，而是样品中挥发性组分的整体信息（指纹数据），它可以根据各种不同的气味测定不同的信号，并与已建立数据库中的信号进行比较、识别和判断，具有类似于鼻子的功能。

电子鼻主要由气体传感器阵列、信号处理系统和模式识别系统三个组成部分。不同的传感器对不同气体的响应谱是不同的，电子鼻系统能根据传感器的响应谱来对不同气体进行识别。

电子鼻工作时首先是气敏传感器感受气体分子并与之相互作用引起传感器本身性质的变化，这种变化被信号处理系统接收，然后作相应的数据转换并通过模式识别器、智能解释器等处理最后输出结果。电子鼻中，模式识别相当于动物和人类的神经中枢，它运用一定的算法完成气味或气体的定性、定量识别。目前，常用的模式识别方法有统计模式识别（如主成分分析法、最小二乘法）、智能识别（如误差反向传播神经网络、自组织特征映射神经网络）等方法。

二、电子鼻在食品检测中的应用

传统的用人的鼻子检验食品的香气，判断气味，主观性强、重复性差。此外，人的嗅觉对气味会产生适应性并导致嗅觉疲劳，影响分析结果。电子鼻不受人的主观性的影响，并且不易出现疲劳，在进行一定时间的模式学习之后，对食品质量检测的准确性可大大提高。电子鼻的这一系列的优点使其被广泛应用到食品检测中。

电子鼻可以更方便、快速、客观地检测谷物在储藏过程中出现的陈化、霉变等变化。运用电子鼻对肉类气味进行分析，可以对其新鲜度、分级进行判断。电子鼻也可以用来检验肉类的腐败变质，在生产线上进行连续检验，判断肉类产品的成熟期，检测肉类的掺杂掺伪，对肉类进行分级等。乳品是一个非常复杂的体系，电子鼻在乳品检测中主要是用来区分乳制品的风味、评价乳制品的质量等。

电子鼻技术的优点在于对香气成分的定性分析，在用分析仪器对食品进行质量评价时，人们不仅要得到其理化指标，更多时候也要得到科学的感官指标，这时电子鼻就可发挥巨大作用。

思考与练习

1. 酱油中含有哪些成分？
2. 什么是酱油感官鉴别？
3. 感官检验在酱油的质量鉴别中起着什么样的作用？
4. 一级酱油应具备哪些感官特征？
5. 酿造酱油感官要求依据的标准是什么？配制酱油感官要求依据的标准是什么？
6. 我们能用电子鼻代替人的鼻子吗？为什么？

模块二
发酵调味品理化检验技术

任务一　腐乳中水分的测定

学习目标

1. 知识目标

（1）理解检验食品中水分含量的重大意义。

（2）了解食品中水分的存在形式。

（3）掌握直接干燥法检验腐乳中水分含量的操作流程。

2. 能力目标

（1）会对腐乳进行水分含量检验的前处理。

（2）熟练运用电子天平、电热恒温干燥箱检验腐乳中水分含量。

任务描述

现有一腐乳样品，要求运用我国行业标准 SB/T 10170—2007 规定的方法检验出样品中的水分含量。工作过程中要求时刻注意实验安全，实验操作要准确，如实记录实验结果，得出正确的实验结果，并且作出合理评价。

任务流程

根据图 2-1 中的流程进行腐乳中水分含量测定。

样品前处理 ⟶ 测定 ⟶ 实验数据记录及计算 ⟶ 任务考核

图 2-1　腐乳中水分含量测定流程

知识储备

一、检验食品中水分含量的意义

水是维持植物和人类生理功能必不可少的物质之一。控制食品中的水分含量，对于保持食品的感官性状，维持食品中其他组分的平衡关系，以及保证食品的稳定性十分重要。食品中的总固形物是指食品内将水分排除后的全部残留物，包括蛋白质、脂肪、粗纤维、无氮抽出物和灰分等。此外，水是一种廉价的掺入物，对食品制造商来说，水分的分析意味着巨大的经济利益。水分测定对于生产中的物料平衡，实行工艺控制与监督等方面，都具有重要的意义。

1）水分影响产品保藏，可以直接影响一些产品质量的稳定，如脱水蔬菜和水果、奶粉、鸡蛋粉、脱水马铃薯、香精和香料。

2）水分含量常被作为控制质量的重要因素，如在果酱和果冻中防止糖结晶。

3）减少水分含量有利于包装和运输，如浓缩牛奶、液体甘蔗糖和液体玉米糖浆、脱水产品、浓缩果汁。

4）国家对产品的水分含量一般都有专门的规定，过多的水分含量被视为不合格产品。

5）食品营养价值的计算值通常要求列出水分含量。

6）水分含量数据可用于表示在同一基础上的其他分析检验结果。

二、电热恒温干燥箱的使用方法与注意事项

1. 电热恒温干燥箱的使用方法

1）把需干燥处理的物品放入干燥箱内，样品四周应留存一定空间，以保持工作室内气流畅通。关闭箱门。

2）根据干燥物品的潮湿情况，把风门调节旋钮旋到合适位置，一般旋至“Z”处；若比较潮湿，则将调节旋钮调节至“三”处(注意:风门的调节范围约60°)。

3）打开电源及风机开关。此时电源指示灯亮，电动机运转。

4）设定所需温度。按一下 SET 键，此时 PV 屏显示“5P”，用↑或↓改变原“SV”屏显示的温度值，直至达到需要值为止。设置完毕后，按一下 SET 键，PV 显示“5T”（进入定时功能）。若不使用定时功能则再按一下 SET 键，使 PV 屏显示测量温度，SV 屏显示设定温度即可(注意:不使用定时功能时,必须使 PV 屏显示的“ST”为零,即 ST＝0)。

5）若使用定时，则当 PV 屏显示“5T”时，SV 屏显示“0”；用加键设定所需时间(分)；设置完毕，按一下 SET 键，使干燥箱进入工作状态即可。

6）干燥结束后，如需更换干燥物品，则在开箱门更换前先将风机开关关掉，以防干燥物被吹掉；更换完干燥物品后(注意:取出干燥物时,千万注意小心烫伤)，关好箱门，再打开风机开关，使干燥箱再次进入干燥过程；如不立刻取出物品，则应先将风门调节旋钮旋转至“Z”处，再把电源开关关掉，以保持箱内干燥；如不再继续干燥物品，则将风门处于“三”处，把电源开关关掉，待箱内冷却至室温后，取出箱内干燥物品，将工作室擦干。

2. 电热恒温干燥箱使用注意事项

1）干燥箱外壳必须良好、有效接地，以保证安全。

2）干燥箱内不得放入易腐、易燃、易爆物品干燥。

3）当干燥箱工作室温度接近设定温度时，加热指示灯忽亮忽暗，反复多次，属正常现象。一般情况下，在测定温度达到控制温度后 30 min 左右，工作室内进入恒温状态。

4）当新设定温度低于 100 ℃，用二次升温方式，可杜绝温度“过冲”现象。假设要设定为50 ℃，第一次设 40 ℃，等温度过冲开始回落后再设定至 50 ℃。

5）干燥箱在工作时，必须将风机开关打开，使其运转，否则箱内温度和测量温度误差很大，还会因此项操作引起电机或传感器烧坏。

6）箱内应保持清洁，长期不用应套好塑料防尘罩，放置在干燥的环境内。

7）第一次开机或使用一段时间或当季节(环境湿度)变化时，必须复核工作室内测量温度和实际温度之间的误差，即控温精度。

三、国家标准对腐乳中水分含量的规定

我国腐乳行业标准 SB/T 10170—2007 规定腐乳中水分含量应符合表 2-1。

表 2-1　腐乳中水分含量要求

项目	要　求			
	红腐乳	白腐乳	青腐乳	酱腐乳
水分(%)　≤	72.0	75.0	75.0	67.0

四、直接干燥法检验腐乳中水分含量的原理

利用食品中水分的物理性质，在 101.3 kPa(一个大气压)，101～105 ℃下采用挥发方法测定样品中干燥减失的重量，包括吸湿水、部分结晶水和该条件下能挥发的物质，再通过干燥前后的称量数值计算出水分的含量。

任务实施

一、实验前准备

1）电热恒温干燥箱。

2）扁形玻璃称量瓶：内径 60～70 mm，高 35 mm 以下。

3）干燥器：内附有效干燥剂。

4）分析天平：感量为 0.1 mg。

5）漏斗、锥形瓶、研钵。

二、前处理

将漏斗置于锥形瓶上，用不锈钢筷子将样品从瓶中直接取出，放于漏斗上静置 30 min，以除去卤汤。取约 150 g 不含卤汤的腐乳样品，放入洁净干燥的研钵中研磨成糊状，混匀后备用。

三、测定

取洁净的扁形玻璃称量瓶，置于 101～105 ℃干燥箱中，瓶盖斜支于瓶边，加热 1 h，取出盖好，置干燥器内冷却 0.5 h，称量，并重复干燥至前后两次质量差不超过 2 mg，即为恒重。准确记录称量瓶的质量。

称取试样 5～10 g 于已知恒重的称量瓶中，均匀摊平后，加盖，精密称量，记录下称量瓶和试样的质量后，置于 100～105 ℃干燥箱内，瓶盖斜支于瓶边，干燥 4 h，盖好取出，放入干燥器内冷却 0.5 h 后称量，然后再干燥 1 h，取出，放干燥器内冷却 0.5 h 后再称量，至前后两次质量差不超过 2 mg，即为恒重。准确记录干燥后的称量瓶和试样的质量。

四、实验数据记录及实验结果计算

1. 数据记录

将实验结果填入表 2-2 中。

表 2-2　腐乳中水分含量测定结果

样品编号	称量瓶的质量/g	称量瓶和试样的质量/g	称量瓶和试样干燥后的质量/g	样品中水分含量
1				
2				
3				
4				

2. 试样中水分含量计算

按式（2-1）计算。

$$X_1 = \frac{m_1 - m_2}{m_1 - m_3} \times 100\% \quad (2\text{-}1)$$

式中　X_1——试样中水分的含量（%）；

m_1——称量瓶和试样的质量(g)；

m_2——称量瓶和试样干燥后的质量(g)；

m_3——称量瓶的质量（g）。

3. 实验结果计算注意事项

1）计算结果保留三位有效数字。

2）在重复性条件下获得的两次独立测定结果的绝对差值不得超过算术平均值的 5%。

任务考核

请根据表 2-3 进行任务考核。

表 2-3　腐乳中水分的测定任务考核

考核项目	考核内容	标　准	学生自评	教师评价
过程考核	样品前处理	样品处理方法正确		
	测定	正确使用天平 正确使用电热恒温干燥箱		
	实验结果	如实记录原始数据 测试结果在接受范围内		

知识拓展

一、食品中水分的存在形式

在食品中，水以分散介质的形式存在，其存在形式分三类，见表 2-4。

表 2-4　水分存在形式

存在形式	定　义
游离水（自由水）	游离水主要存在植物细胞间隙，具有水的一切特性，也就是说 100 ℃时水要沸腾，0 ℃以下要结冰，并且易汽化。可用简单的加热方法除掉

（续）

存在形式		定　义
结合水	机械结合水（束缚水）	水是与食品中脂肪、蛋白质、碳水化合物等结合存在的，故称束缚水 注意：束缚水不具有水的特性，所以要除掉这部分水是困难的
	化学结合水	水是与某些食品以化学键形式结合存在，很难用干燥方法除去

二、减压干燥法检验食品中水分含量

1. 检验原理

利用食品中水分的物理性质，在达到 40 ~ 53 kPa 后加热至 60 ℃ ±5 ℃，采用减压烘干方法去除试样中的水分，再通过烘干前后的称量数值计算出水分的含量。

2. 仪器和设备

1）真空干燥箱。

2）扁形铝制或玻璃制称量瓶。

3）干燥器：内附有效干燥剂。

4）天平：感量为 0.1 mg。

3. 前处理

粉末和结晶试样直接称取；较大块硬糖经研钵粉碎，混匀备用。

4. 测定

取已恒重的称量瓶，称取 2 ~ 10 g（精确至 0.000 1 g）试样，放入真空干燥箱内，将真空干燥箱连接真空泵，抽出真空干燥箱内空气（所需压力一般为 40 ~ 53 kPa），并同时加热至所需温度 60 ℃ ±5 ℃。关闭真空泵上的活塞，停止抽气，使真空干燥箱内保持一定的温度和压力，经 4 h 后，打开活塞，使空气经干燥装置缓缓通入真空干燥箱，待压力恢复正常后再打开。取出称量瓶，放入干燥器中 0.5 h 后称量，并重复以上操作至前后两次质量差不超过 2 mg，即为恒重。

5. 计算结果（同直接干燥法）

三、蒸馏法检验食品中水分含量

1. 检验原理

利用食品中水分的物理化学性质，使用水分测定器将食品中的水分与甲苯或二甲苯共同蒸出，根据接收的水的体积计算出试样中水分的含量。本方法适用于含较多其他挥发性物质的食品，如油脂、香辛料等。

2. 实验前准备

（1）需要准备的试剂　取甲苯或二甲苯（化学纯），先以水饱和后，分去水层，进行蒸馏，收集馏出液备用。

（2）仪器和设备

1）水分测定器：如图 2-2 所示（带可调电热套）。水分接收管容量 5 mL，最小刻度值 0.1 mL，容量误差小于 0.1 mL。

2）天平：感量为 0.1 mg。

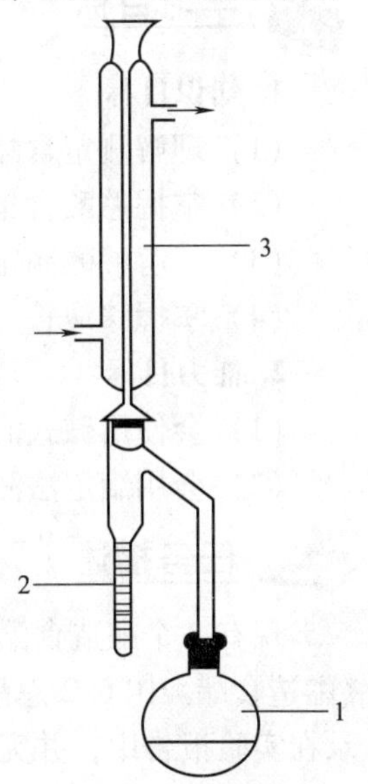

图 2-2　水分测定器

1—250 mL 蒸馏瓶
2—水分接收管，有刻度
3—冷凝管

3. 测定

准确称取适量试样（应使最终蒸出的水在 2 ~ 5 mL，但最多取样量不得超过蒸馏瓶的2/3)，放入250 mL蒸馏瓶，加入新蒸馏的甲苯(或二甲苯)75 mL，连接冷凝管与水分接收管，从冷凝管顶端注入甲苯，装满水分接收管。加热慢慢蒸馏，使每秒钟的馏出液为2滴，待大部分水分蒸出后，加速蒸馏至馏出液每秒4滴，当水分全部蒸出后，接收管内的水分体积不再增加时，从冷凝管顶端加入甲苯冲洗。如冷凝管壁附有水滴，可用附有小橡皮头的铜丝擦下，再蒸馏片刻至接收管上部及冷凝管壁无水滴附着，接收管水平面保持10 min不变为蒸馏终点，读取接收管水层的容积。

4. 计算试样结果

试样中水分的含量按式（2-2）进行计算。

$$X = \frac{V}{m} \times 100 \tag{2-2}$$

式中 X——试样中水分的含量(mL/100 g)(或按水在20 ℃的密度0.998 2 g/mL计算质量)；

V——接收管内水的体积(mL)；

m——试样的质量(g)。

注意：

1）以重复性条件下获得的两次独立测定结果的算术平均值表示，结果保留三位有效数字。

2）在重复性条件下获得的两次独立测定结果的绝对差值不得超过算术平均值的10%。

任务二　食醋中总酸的测定

学习目标

1. 知识目标

(1) 理解测定食醋中总酸含量的意义。

(2) 掌握总酸含量的测定原理、基本过程和操作关键。

(3) 了解酸碱滴定指示剂的选择方法。

(4) 掌握移液管、滴定管的正确使用方法。

2. 能力目标

(1) 会使用碱式滴定管进行滴定操作。

(2) 会用滴定法测定液体样品中总酸含量。

任务描述

现有一个酿造食醋样品，想知道其中总酸含量，要求用pH计法(参照GB 18187—2000《酿造食醋》中“6.2 总酸”测定法)测定出样品中总酸的含量，保留初始数据，准确详细地记录在实验报告中，并完成相应的实验报告。根据所得实验结果结合GB 18187—2000国家标准判断该样品中总酸含量是否符合国家标准。

任务流程

根据图2-3中食醋中总酸的测定的任务流程完成本任务。

实验准备 ⟶ pH计的校准及预热 ⟶ 样品滴定 ⟶ 实验结果记录及计算 ⟶ 考核评价

图 2-3　食醋中总酸测定流程

知识储备

一、检验食醋中总酸含量的意义

酿造食醋中的乙酸(醋酸)含量最多，它可促进血液中抗体的增加，提高人体免疫力，有很好的杀菌和抑菌作用；除此之外还有乳酸、甲酸、柠檬酸、苹果酸、丙酮酸和琥珀酸等，这些物质能促进机体的新陈代谢和细胞内的氧化还原作用。

酿造食醋中的有机酸大部分是由制曲及发酵过程中的微生物形成的，另一部分来自原料。酿造食醋中的有机酸与糖类、氨基酸等物质有机的结合形成食醋的独特滋味。因此，食醋中的总酸含量在一定程度上反映了食醋产品的质量优劣。

二、国家标准对食醋总酸含量的要求

国家标准 GB 18187—2000《酿造食醋》中规定了食醋中总酸(以乙酸计)的含量不得低于 3.50 g/100 mL。对于配制食醋，国家没有强制性标准，行业标准(SB/T 10337—2012)规定食醋中总酸(以乙酸计)含量不得低于 2.50 g/100 mL。

三、食醋中总酸含量的检验原理

食醋的主要成分是乙酸(CH_3COOH,简写为 HAc)，此外还含有少量的其他弱酸如乳酸等。因此，食醋产品中的总酸包括乳酸、乙酸及琥珀酸等各种有机酸。乙酸的电离常数$K_a = 1.8 \times 10^{-5}$，可用 NaOH 标准溶液滴定，其反应式是 $NaOH + CH_3COOH \longrightarrow CH_3COONa + H_2O$。

当用 $c(NaOH) = 0.05$ mol/L 标准滴定溶液滴定相同浓度纯乙酸溶液时，化学计量点的 pH 约为 8.6，可用酚酞作指示剂，滴定至终点时由无色变为浅红色。食醋中可能存在的其他各种形式的酸也与 NaOH 反应，食醋通常颜色较深，不便用指示剂观察滴定终点，故常采用酸度计控制 pH8.2 为滴定终点，所得为总酸度。根据耗用的氢氧化钠标准溶液的量计算总酸的含量，结果以乙酸表示，单位为“g/100 mL”。

旧知识回顾

一、酸度计的使用(酸度计的外观如图 2-4 所示)

1）按酸度计说明书安装好酸度计，连接电源，安装电极。

2）样品测定的一般步骤：pH 电极准备与清洗→pH 缓冲液准备与 pH 电极校准→样品准备与 pH 电极清洗→样品 pH 测量→样品 pH 读数终点确认→数据记录。

二、电极的使用注意事项(电极外观见图 2-5)

1. 安装电极及赶走敏感球泡中的气泡

先拧下保护瓶，放于不宜碰倒的地方，然后取下保护瓶帽。观察玻璃球泡内是否有气泡，可拿住电极上端的电极帽用力甩几下。将电极 BNC 口连接到酸度计上，三合一电极还需要将温度电极接头插入仪表。

2. 在使用新 pH 电极前要进行校准

pH 电极能根据溶液的 pH 测量出一个电压信号——mV，不同 pH 电极针对同一样品(或

标准溶液)所测量出的电压信号值一般也不同。所以我们需要校准，针对当前电极在仪表中建立 mV 转换为 pH 的关系式，即斜率(slope)和零电位(offset)。

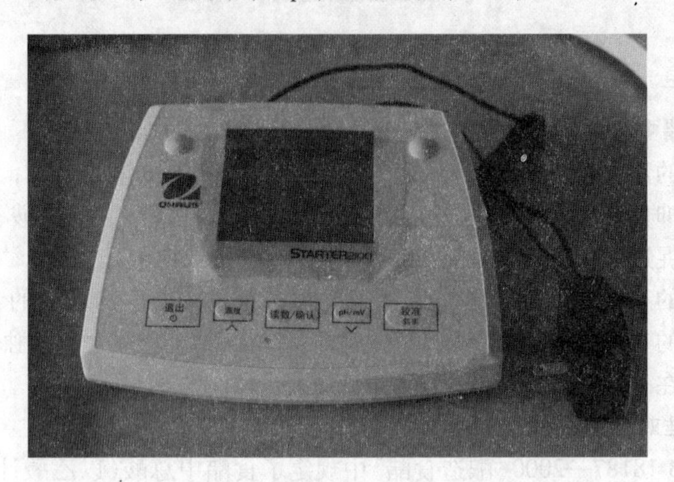

图 2-4　STARTER 型酸度计外观

pH 电极使用一段时间后，电极玻璃球泡会老化，零电位(offset)值变大，所以需要定期校准。

3. 电极使用过程中的常见问题

(1) 电极校准后仪表显示笑脸　仪表的笑脸等状态表示校准斜率好坏：校准斜率 > 95% 表示电极状态良好，校准斜率 90% ~ 95% 表示电极状态一般，校准斜率 85% ~ 90% 表示电极状态较差。

如果使用的是新电极，但校准结果不理想，一般是校准操作不正确或缓冲溶液变质造成的。

(2) 测纯净水时经常发现 pH 不稳定　普通 pH 电极不适宜测量蒸馏水、自来水、雨水或纯净水等低电导率水样的 pH，需要时应选用纯水电极来测量。

(3) 充液电极和凝胶电极的区别　参比电极内含有外参比溶液，一般为 3 mol/L 氯化钾溶液，在不断使用过程中该溶液会有消耗，有时需要添加。凝胶电极为 3 mol/L 氯化钾凝胶，因而不需要补充溶液，使用中凝胶也会消耗，消耗完后需购买新电极。

(4) 配制和添加外参比液　精确称量 57.74 g 分析纯氯化钾，用去离子水溶解于 250 mL 容量瓶中。需加液时，可用针管等注入电极参比孔。

(5) pH 电极的使用寿命　电极维护较好的前提下，电极的寿命可达 12 个月以上(自生产之日起)，从未使用过的电极寿命约为 12 个月。一些样品如强酸、强碱、腐蚀性液体等会缩短电极寿命。pH 电极是耗材，一般不提供质保。

(6) 保存 pH 电极　pH 电极的玻璃球泡不可长时间干放，应置于保护瓶中保护，保护瓶中溶液为 3 mol/L 氯化钾溶液。

图 2-5　电极外观

任务实施

一、实验前准备

1. 仪器设备

1）酸度计附磁力搅拌器。

2）碱式滴定管。

3）胖肚吸管。

4）容量瓶。

5）烧杯。

2. 试剂材料

1）0.050 mol/L 氢氧化钠标准溶液

①配制：按照 GB/T 601—2002 规定，称取 110 g 氢氧化钠，溶于 100 mL 无二氧化碳的水中，摇匀，注入聚乙烯容器中，密闭放置至溶液清亮。按表 2-5 的规定，用塑料管量取上层清液，用无二氧化碳的水稀释至 1 000 mL，摇匀。

表 2-5　配制氢氧化钠标准溶液（GB/T 601—2002）

氢氧化钠标准滴定溶液的浓度 $c(NaOH)/(mol/L)$	氢氧化钠溶液的体积 V/mL
1	54
0.5	27
0.1	5.4
0.05	2.7

②标定：称取于 105 ~ 110 ℃电烘箱中干燥至恒重的工作基准试剂邻苯二甲酸氢钾0.3 ~ 0.4 g，加无二氧化碳的水 50 mL 溶解，加 2 滴酚酞指示液（10 g/L），用配制好的氢氧化钠溶液滴定至溶液呈粉红色，并保持 30 s 不褪色。同时做空白试验。

氢氧化钠标准滴定溶液的浓度 $c(NaOH)$，数值以“mol/L”表示，按照式（2-3）计算。

$$c(NaOH)=\frac{m\times 1\,000}{(V-V_0)\times M} \tag{2-3}$$

式中　m——邻苯二甲酸氢钾的质量的准确数值（g）；

V——耗用的氢氧化钠溶液的体积的数值（mL）；

V_0——空白试验耗用氢氧化钠溶液的体积的数值（mL）；

M——邻苯二甲酸氢钾的摩尔质量的数值（g/mol）［$M(KHC_8H_4O_4)=204.22$］。

2）pH 为 6.86 的标准溶液。

3）pH 为 9.18 的标准溶液。

二、前处理

吸取 10.0 mL 样品于 100 mL 的容量瓶中，加蒸馏水定容，此溶液为 10% 稀释液。

三、测定

1. 酸度计的预热及校准

用蒸馏水清洗电极，然后插入 pH 为 6.86 的标准溶液中，调节斜率最大，待读数稳定后，调“定位”键，再清洗电极，将电极插入 pH 为 9.18 的标准溶液中，定位不动，待读数稳定，调“斜率”键，使读数为该溶液当时的 pH。

2. 测定

吸取 10% 样品稀释液 10.0 mL 于 100 mL 烧杯中，加蒸馏水 30 mL，将烧杯置磁力搅拌器上，插入安装好的 pH 电极（图 2-6），开动磁力搅拌器，用 0.050 mol/L 氢氧化钠标准溶液滴定至酸度计指示 pH8.2，记下耗用氢氧化钠的体积。同时做空白试验。

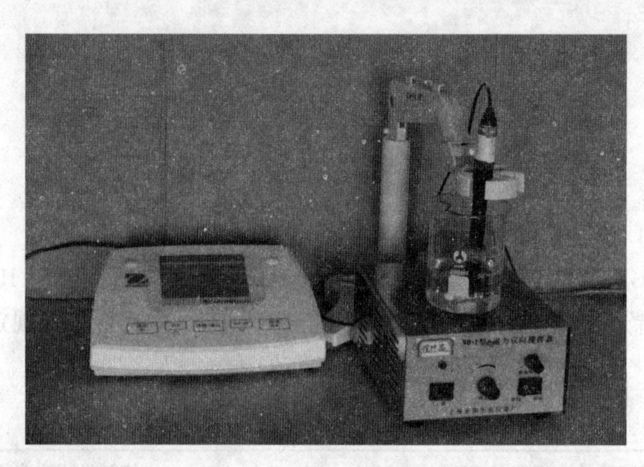

图 2-6 酸度计工作图

四、计算实验结果，完成实验报告

1. 数据记录

将实验数据填入表 2-6。

表 2-6 食醋中总酸测定实验数据

测定次数		NaOH 标准溶液浓度/(mol/L)	消耗 NaOH 标准溶液的体积/mL
样品	1		
	2		
空白	1		
	2		

2. 样品中总酸的含量计算

按式 2-4 进行计算。

$$x_1 = \frac{(V - V_0) \times c \times 0.06}{(10/100) \times V_1} \times 100 \qquad (2\text{-}4)$$

式中 x_1——样品中总酸的含量（以乙酸计）（g/100 mL）；

V——滴定样品耗用氢氧化钠标准溶液的体积（mL）；

V_0——空白试验耗用氢氧化钠标准溶液的体积（mL）；

c——氢氧化钠标准溶液的浓度（mol/L）；

0.06——与 1.00 mL 氢氧化钠标准溶液[c(NaOH) = 1.000 mol/L]相当的乙酸的质量（g）。

V_1——样品体积（mL）。

任务考核

请根据表 2-7 进行任务考核。

表 2-7　食醋中总酸测定任务考核

考核项目	考核内容	标准	学生自评	教师评价
过程考核	实验准备	准确配制标准氢氧化钠溶液并标定		
		正确校准 pH 计		
	测定	正确使用滴定管		
		正确判断滴定终点		
	实验结果	测试结果在接受范围内		
职业素养	团结协助能力	教师观察小组成员合作能力		

知识拓展

一、食品中酸度的表示方法

1. 总酸度

总酸度是指食品中所有酸性成分的总量。它包括在测定前已离解成 H^+ 的酸的浓度(游离态)，也包括未离解的酸的浓度(结合态、酸式盐)。食品中总酸的大小可借助标准碱液滴定来求取，因此又称可滴定酸度。

2. 有效酸度

有效酸度是指被测溶液中 H^+ 的浓度，所反映的是已离解的酸的浓度，常用 pH 表示。有效酸度大小可由 pH 计测定。pH 的大小与总酸中酸的性质与数量有关，还与食品中缓冲液的质量与缓冲能力有关。

3. 挥发酸度

挥发酸度是指食品中易挥发的有机酸，如甲酸、乙酸(醋酸)、丁酸等低碳链的直链脂肪酸，包含游离的和结合的两部分。挥发酸含量的多少可以通过蒸馏法分离，再借助标准碱液来滴定。

二、指示剂法测定食醋中的总酸

1. 实验前准备

(1) 仪器设备

1) 碱式滴定管。

2) 胖肚吸管。

3) 容量瓶。

4) 烧杯。

(2) 试剂

1) 酚酞指示剂 10 g/L：称取 10 g 分析纯酚酞溶于 1 L 水中。

2) 0.1 mol/L 氢氧化钠标准溶液，其配制方法同酸度计法。

2. 样品的测定

（1）样品的稀释　与酸度计法相同。

（2）样品的滴定　吸取10%样品稀释液10.0 mL于100 mL烧杯中，加蒸馏水60 mL，滴加2滴酚酞指示剂，将烧杯置磁力搅拌器上，开动磁力搅拌器，用0.10 mol/L氢氧化钠标准溶液滴定至刚显微红色，30 s内不褪色为终点。记录耗用的氢氧化钠标准溶液体积。同时做空白试验。

3. 结果记录及计算

结果记录及计算同酸度计法。

三、腐乳中总酸测定

腐乳和食醋由于样品形态不同，在运用酸度计法测定总酸含量时的区别有两点，一是样品的前处理方法的不同，二是计算公式的差异。

1. 样品前处理

取有代表性的样品50 g，置于研钵钵中，研磨细匀后，置玻璃瓶中。称取已制备好的样品10 g于烧杯中，加入80 mL煮沸的蒸馏水，搅拌均匀，浸泡0.5 h，浸泡期间搅拌3～5次，待冷却至室温时，倾入100 mL容量瓶中，并以少许蒸馏水冲洗烧杯数次，将洗液一并倒入容量瓶中，稀释至刻度，充分摇匀后，静置以滤纸过滤，弃去初滤液，收集滤液待测定。

2. 实验结果按式（2-5）计算

$$x = \frac{c \times (V - V_0) \times 0.09}{m \times (10/100)} \times 100 \qquad (2\text{-}5)$$

式中　x——样品中总酸（以乳酸计）的含量，单位为%；

c——氢氧化钠标准溶液浓度（mol/L）；

V——测定用样品稀释液耗用氢氧化钠标准溶液的体积（mL）；

V_0——空白试验耗用氢氧化钠标准溶液的体积（mL）；

0.09——与1.00 mL氢氧化钠标准溶液[c(NaOH) = 1.000 mol/L]相当的乳酸的质量（g）；

m——称取试样的质量（g）。

思考与练习

1. 已标定的NaOH标准溶液在保存时吸收了空气中的二氧化碳，用它测定食醋总酸的含量，若用酚酞为指示剂，对测定结果产生何种影响？改用甲基橙作指示剂，结果又如何？

2. 试分析试验中可能导致误差的因素及应对措施？

任务三　食醋中不挥发酸含量的测定

学习目标

1. 知识目标

（1）掌握不挥发酸含量的测定方法和操作技能。

（2）掌握数据处理和结果计算技术。

2. 能力目标

（1）熟练称量、过滤、定容、滴定等基本技能。

（2）会测定食醋不挥发酸。

任务描述

现有一酿造食醋样品，想知道其中不挥发酸含量，要求用酸度计法（参照 GB 18187—2000《酿造食醋》中“6.3　不挥发酸”测定法）测定出其中不挥发酸的含量，保留初始数据，准确详细地记录在实验报告中，完成相应实验报告。并根据酿造食醋国家标准 GB 18187—2000 判断该样品不挥发酸含量是否符合标准。

任务流程

根据图 2-7 中的食醋中不挥发酸含量的检验流程完成本任务。

实验准备 → 试样蒸馏 → 样品滴定 → 实验结果记录及计算 → 考核评价

图 2-7　食醋中不挥发酸含量的检验流程

知识储备

一、检验食醋中不挥发酸含量的意义

食醋中的总酸可分为挥发酸及不挥发酸两类。挥发酸有甲酸、乙酸、丙酸、丁酸等，以乙酸为主，其他酸很少；不挥发酸有乳酸、琥珀酸、葡萄糖酸等，以乳酸为主，其他酸较少。食醋中的有机酸含量虽低，却是构成醋的重要风味物质之一。单纯的乙酸刺激性很大，回味短，调味作用差，只有多种有机酸，特别是不挥发酸的存在，才能使食醋酸味绵长、柔和可口。因此，有机酸含量丰富的食醋刺激性小，味柔和。测定食醋的挥发酸和不挥发酸含量在一定程度上，对于辨别食醋风味优劣有重要意义。

二、国家标准对食醋中不挥发酸含量的要求

根据国家标准 GB 18187—2000《酿造食醋》的规定，食醋不挥发酸含量应符合表 2-8 的规定。

表 2-8　酿造食醋中不挥发酸含量

项　目	指　标	
	固态发酵食醋	液态发酵食醋
不挥发酸（以乳酸计）/（g/100 mL）　≥	0.50	—

三、蒸馏的原理

利用液体混合物中各组分沸点的差别，使液体混合物部分汽化，之后蒸汽经冷凝水冷凝，从而实现其所含组分的分离。

四、食醋中不挥发酸含量的检验原理

食醋样品经加热蒸馏，除去其中的挥发酸，然后用氢氧化钠标准溶液滴定残留液，直接测得不挥发酸（以乳酸计，酸度计法），也可通过收集滴定挥发酸，间接求得不挥发酸（指示剂法）。

任务实施

一、实验前准备

1. 仪器设备

1）酸度计：附磁力搅拌器。

2）单沸式蒸馏装置（见图2-8）。

3）25 mL 碱式滴定管。

4）250 mL 锥形瓶。

5）200 mL 烧杯。

6）移液管。

7）电炉：300～500 W。

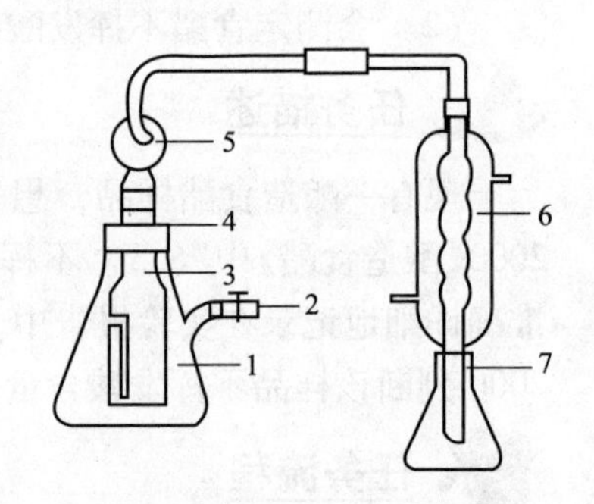

图2-8　简易单沸式蒸馏装置

1—蒸馏瓶　2—安全阀（夹子）
3—样品溶液　4—蒸馏管
5—温度计　6—冷凝管
7—接收瓶

2. 试剂材料

（1）0.05 mol/L 氢氧化钠标准滴定溶液　按 GB/T 601—2002 规定的方法配制和标定。

（2）1% 酚酞指示液　称取 1 g 酚酞，溶于 100 mL 95% 乙醇中。

二、前处理

1. 连接蒸馏装置

样品摇匀后，准确吸取 2.00 mL 放入蒸馏管中，加入中性蒸馏水 8 mL 后摇匀，然后将蒸馏管插入装有中性蒸馏水（其液面应高于蒸馏液液面而低于排气口）的蒸馏瓶中，连接蒸馏器和冷凝器，并将冷凝器下端的导管插入 250 mL 锥形瓶内的 10 mL 蒸馏水中。

2. 蒸馏

操作时，先打开排气口，待加热至蒸馏瓶中的水沸腾 2 min 后，关闭排气口进行蒸馏。待馏出液达 180 mL 时，先打开排气口，然后切断电源，以防蒸馏瓶造成真空。然后，将残余的蒸馏液倒入 200 mL 烧杯中，用中性蒸馏水反复冲洗蒸馏管及管上的进气孔，洗液一并倒入烧杯。

3. 注意事项

1）在蒸馏过程中，如蒸馏管内产生大量泡沫影响测定时，可重新取样，加一滴精制植物油或单宁再蒸馏。

2）实验过程中使用的蒸馏水应全部呈中性。

三、样品测定

将烧杯中的残留液补加中性蒸馏水至烧杯溶液总量约 120 mL，开动磁力搅拌器，用 0.05 mol/L氢氧化钠标准溶液滴定至酸度计指示 pH 8.2，记录消耗用氢氧化钠标准溶液体积。同时做空白试验。

四、实验结果记录及计算

1. 数据记录

将实验数据填入表2-9中。

表 2-9　食醋中不挥发酸含量测定实验数据

测定次数		NaOH 标准溶液浓度/(mol/L)	滴定馏出液消耗 NaOH 标准溶液的体积/mL	平均值
样品	1			
	2			
空白	1			
	2			

2. 样品中不挥发酸的含量计算

按式 2-6 进行计算。

$$x_2 = \frac{(V - V_0) \times c \times 0.09}{2} \times 100 \tag{2-6}$$

式中　x_2——样品中不挥发酸的含量(以乳酸计)(g/100 mL);

V——滴定馏出液耗用氢氧化钠标准溶液的体积(mL);

V_0——空白试验耗用氢氧化钠标准溶液的体积(mL);

c——氢氧化钠标准溶液的浓度(mol/L);

0.09——1.00 mL 氢氧化钠标准溶液[$c(NaOH) = 1.000$ mol/L]相当于乳酸的质量(g)。

任务考核

请根据表 2-10 进行任务考核。

表 2-10　食醋中不挥发酸含量测定任务考核

考核项目	考核内容	标准	学生自评	教师评价
过程考核	实验准备	准确配制标准氢氧化钠溶液并标定		
		正确校准 pH 计		
过程考核	样品处理	正确连接蒸馏装置		
		蒸馏操作规范		
	测定	熟练使用滴定管		
		准确判断滴定终点		
	实验结果	测试结果在接受范围内		
职业素养	团结协助能力	教师观察小组成员合作能力		
	安全意识	安全操作		

知识拓展

挥干法检验食醋中不挥发酸的含量:在蒸发皿中,加入供检样品及等量蒸馏水,置沸水浴锅上加热,使挥发酸连同水蒸气同时蒸发,如此反复进行三次。取蒸发后的残渣,加水溶解。用标准碱液滴定,得不挥发酸含量。

思考与练习

1. 蒸馏时加热得过快对实验结果有什么影响?

2. 食醋中含有哪些不挥发酸？
3. 如何保护电极？
4. 如何对酸度计进行校准？

任务四　腐乳中食盐含量的测定

学习目标

1. 知识目标

（1）掌握食盐的测定原理、基本过程和操作关键。

（2）掌握数据处理和结果计算技术。

2. 能力目标

（1）会运用研磨、称量、定容、过滤、吸取、滴定等基本操作测定腐乳中食盐含量。

（2）会准确判断滴定终点。

（3）会根据数据处理基础知识合理评定本次实验过程的成功与不足。

3. 情感态度价值观目标

认识到腐乳中食盐含量的高低对判断腐乳质量好坏的重要性。

任务描述

给定任意一个腐乳样品，用滴定法（参照 SB/T 10170—2007《腐乳》中“6.3　食盐”测定法）测定出食盐的含量，保留初始数据，准确详细地记录在实验报告中，完成相应实验报告。

任务流程

根据图 2-9 中腐乳中食盐含量的检验程序进行本任务。

实验准备 ⟶ 样品前处理 ⟶ 样品及空白测定 ⟶ 实验结果计算 ⟶ 考核评价

图 2-9　腐乳中食盐含量的检验程序

知识储备

一、食盐在腐乳生产中的基本作用

食盐是生产腐乳的主要辅料之一，是绝对不可缺少的。在腐乳发酵的全过程中，食盐起着决定性的作用。食盐是咸味的代表，主要成分是氯化钠，是人们生活中最常用的一种调味品。咸味是各种调味料的基础，能对食物起到补充改善、提鲜、突出香气功效。食盐在腐乳中不仅可增加咸味，起着调味的作用，同时在发酵过程及成品中起到防止腐败的作用。但是，高盐对人体健康危害更大，所以生产中必须严格控制腐乳中的食盐含量。

二、国家标准对腐乳中食盐含量的规定

根据 SB/T 10170—2007 规定，腐乳中食盐含量（以氯化钠计）应高于 6.5 g/100 g。

三、腐乳中食盐含量测定原理

用硝酸银标准滴定溶液滴定试样中的氯化钠，生成氯化银沉淀，待全部氯化银沉淀后，

多滴加的硝酸银与铬酸钾指示剂生成铬酸银使溶液呈橘红色即为终点。由硝酸银标准滴定溶液消耗量计算氯化钠的含量。

旧知识回顾

一、怎样使用酸式滴定管

1. 使用前的准备

（1）洗涤　关闭活塞，装入约 10 mL 洗液，双手平托滴定管两端无刻度部分，转动滴定管使洗液布满滴定管内壁，将滴定管立起，打开旋塞使洗液从下端流回洗液瓶中，然后用自来水洗净。

（2）检漏　首先用水充满至“0”刻度附近，擦干滴定管外壁，静置 2 min，检查液面是否下降，管尖及活塞有无渗水，转动 180°，静置 1 min，同上检查。如果发现管尖渗水或漏液，应选择涂油处理。方法是将滴定管平放桌面，取下旋塞，擦干旋塞及旋塞套，用手指蘸少量凡士林涂旋塞口两边，插入旋塞套按同一方向旋转，至透明，注意凡士林不要涂得太多，否则易使活塞中的小孔或滴定管下端管尖堵塞。最后检查旋塞是否漏水。

2. 滴定步骤

（1）润洗　首先用标准溶液润洗 3 次，每次用标准溶液约 10 mL，方法同洗涤方法，需要注意的是装液时要使标签朝向手心。

（2）排气泡　右手拿住上部无刻度处，左手迅速打开旋塞使溶液流出，观察无气泡为止。

（3）调零点　当标准溶液达到“0”刻度线以上约 5 mm 时，慢慢打开旋塞，使液面降至弯月面下缘与“0”刻度线相切。

（4）滴定　滴定时先将滴定管固定在滴定管架上，活塞柄向右，左手从中间向右伸出，拇指在管前，食指及中指在管后，三指平行地轻轻拿住活塞柄，无名指及小指向手心弯曲，食指及中指由下向上顶住活塞柄一端，拇指在上面配合动作。在转动时，中指及食指不要伸直，应该微微弯曲，轻轻向左扣住，这样既容易操作，又可防止把活塞顶出。右手拇指、食指和中指拿住锥形瓶瓶颈处，无名指和小指辅助，瓶底离滴定台高 2 ~ 3 cm，滴定管下端伸入瓶口约 1 cm，左手滴定，右手摇瓶，边滴边摇，锥形瓶口位置基本不动，靠手腕的力量按同一方向画圈摇动，一开始，每秒 3 ~ 4 滴，不得成线，接近终点时改为一滴一滴逐滴加入，加滴边摇，最后是半滴滴入，控制待滴出液滴（不要让一滴掉下来），轻轻将管尖靠在锥形瓶内壁上，使这半滴流入锥形瓶，并用洗瓶冲洗锥形瓶内壁，冲洗次数不超过 3 次。

3. 读数

读数时移液管保持垂直状态。滴定前“初读”零点，精确到小数点后 2 位，应静置 1 ~ 2 min 再读一次，如液面读数无改变，仍为零才能滴定。滴定至终点后，需等 1 ~ 2 min，使附着在内壁的标准溶液流下来以后再读数，如果放出滴定液速度相当慢时，等 0. 5 min 后读数亦可，“终读”也至少读两次。

二、怎样标定氯化钠

1. 配制

称取 17. 5 g 硝酸银，溶于 1 000 mL 水中，摇匀。溶液储存于棕色瓶中。

2. 标定

按 GB/T 9725—2007 的规定测定。称取 0.22 g 于 500～600 ℃的高温炉中灼烧至恒重的工作基准试剂氯化钠，溶于 70 mL 水中，加 10 mL 淀粉溶液(10 g/L)，以 216 型银电极做指示电极，217 型双盐桥饱和甘汞电极作参比电极，用配制好的硝酸银溶液滴定。按 GB/T 9725—2007 中 6.2.2 条的规定计算 V_0。

也可以称取 5.84 g ± 0.30 g 已在 550 ℃ ±50 ℃的高温炉中灼烧至恒重的工作基准试剂氯化钠，溶于水，移入 1 000 mL 容量瓶中，稀释至标尺。

硝酸银标准滴定溶液的浓度 $c(AgNO_3)$，数值以“ mol/L”表示，按式(2-7)计算。

$$c(AgNO_3)=\frac{m\times 1\,000}{V_0 M} \tag{2-7}$$

式中 m——氯化钠的质量的准确数值(g)；

V_0——硝酸银溶液的体积的数值(mL)；

M——氯化钠的摩尔质量的数值(g/mol)。

任务实施

一、实验准备

1. 仪器设备

1）漏斗。

2）研钵。

3）不锈钢筷子。

4）滤纸。

5）分析天平：感量为 0.000 1 g。

6）电炉。

7）吸量管：刻度为 2 mL 和 1 mL。

8）棕色酸式滴定管。

9）烧杯、玻璃棒、容量瓶、磨口瓶、锥形瓶等玻璃器皿。

2. 试剂材料

(1)铬酸钾指示剂(50 g/L) 称取 5 g 铬酸钾用少量水溶解后定容至 100 mL。

(2) 硝酸银标准滴定溶液 [$c(AgNO_3)$ = 0.100 mol/L] 按照国家标准(GB/T 601—2002)方法配制。称取 17.5 g 硝酸银，溶于 1 000 mL 水中，摇匀，储存于棕色试剂瓶中。

安全提示

配制硝酸银时有什么注意事项？硝酸银对我们的健康有什么影响？

3. 注意事项

1）配制硝酸银溶液时要注意密闭操作，加强通风。

2）切忌将其滴在皮肤上，否则可造成皮肤等灼伤。长期接触该品的工人会出现全身性银质沉着症。表现包括全身皮肤广泛的色素沉着，呈灰蓝黑色或浅石板色；眼部银质沉着造成眼损害；呼吸道银质沉着造成慢性支气管炎等。

3）要注意远离火种、热源，工作场所严禁吸烟；远离易燃、可燃物。同时注意避免产生粉尘，避免与还原剂、碱类、醇类接触。

4）搬运时要轻装轻卸，防止包装及容器损坏。

5）硝酸银助燃，有毒。误服用可引起剧烈腹痛、呕吐、血便，甚至发生胃肠道穿孔。

二、前处理

将漏斗置于锥形瓶上，用不锈钢筷子将样品从瓶中直接取出，放于漏斗上静置30 min，以除去卤汤。取约150 g不含卤汤的腐乳样品，放入洁净干燥的研钵中研磨成糊状，混匀后备用。

称取约20.0 g试样于150 mL烧杯中，加入60 ℃的水80 mL，搅拌均匀并置于电炉上加热煮沸后即放下，冷却至室温(每隔30 min搅拌一次)，然后移入200 mL容量瓶中，用少量水分次洗涤烧杯，洗液一并转入容量瓶中，并加水至刻度，混匀，用干燥滤纸滤入250 mL磨口瓶中备用。

三、测定

（1）样品测定　吸取上述经过前处理的样品溶液2.0 mL，置于150 mL锥形瓶中，加50 mL水及1 mL铬酸钾指示剂，混匀。用硝酸银标准滴定溶液(0.100 mol/L)滴定至初显砖红色，记下消耗硝酸银标准滴定溶液的体积数。

（2）空白测定　取同量水、铬酸钾溶液按同一方法做试剂空白试验。

四、计算实验结果，完成实验报告

1. 数据记录

将实验数据填入表2-11中。

表2-11　腐乳中食盐含量测定数据

测定次数		$AgNO_3$标准溶液浓度/(mol/L)	消耗$AgNO_3$标准溶液的体积
样品	1		
	2		
空白	1		
	2		

2. 食盐结果计算

按式(2-8)进行计算。

$$X_3 = \frac{(V_1 - V_2) \times c \times 0.0585}{\frac{m}{200} \times 2} \times 100 \quad (2\text{-}8)$$

式中 X_3——试样中食盐(以氯化钠计)的含量(g/100 mL)；

V_1——测定试样时，消耗硝酸银标准滴定溶液的体积(mL)；

V_2——空白试验时，消耗硝酸银标准滴定溶液的体积(mL)；

c——硝酸银标准滴定溶液的浓度(mol/L)；

m——称取试样的质量(g)；

0.058 5——与1.00 mL硝酸银标准滴定溶液的浓度[$c(AgNO_3)=1.000$ mol/L]相当于氯化钠的质量(g)。

◆ 计算结果保留两位有效数字。统计本次任务实施的误差(要求为同一样品平行试验的测定差不得超过 0.03 g/100 mL)。

任务考核

请根据表 2-12 进行任务考核。

表 2-12　腐乳中食盐含量测定任务考核

考核项目	考核内容	标　准	个人评价	教师评价
过程考核	实验准备	正确配制相关试剂，合作完成实验准备工作		
	样品前处理	准确称量、稀释、定容		
		准确移取溶液		
	测定	滴定操作准确		
		准确判断并控制滴定终点		
	数据记录及结果计算	如实记录实验数据，准确计算实验结果		
职业素养	安全意识	强烈的安全意识		
	实验态度	踏实的工作态度		

知识拓展

硝酸银滴定法测定酱油中食盐含量：腐乳和酱油样品的形态不同，所含化学成分也不同，只要选择合适的方法对样品进行前处理，可以用硝酸银滴定法测定酱油中食盐含量。根据 GB 18186—2000《酿造酱油》的规定，酱油中食盐含量的测定时试样的处理方法如下。

1. 前处理

吸取 5.0 mL 样品，置于 200 mL 容量瓶中，加水至标尺，摇匀备用。

2. 测定

吸取 2.0 mL 的稀释液，加 100 mL 水及 1 mL 铬酸钾溶液，在白色瓷砖的背景下用 0.1 mol/L硝酸银标准滴定溶液滴定至初显橘红色。同时做空白试验，取同量水、铬酸钾溶液按同一方法做试剂空白试验。

3. 计算

按式（2-9）进行计算。

$$X_1 = \frac{(V - V_0) \times c_1 \times 0.0585}{2 \times \frac{5}{200}} \times 100 \tag{2-9}$$

式中　X_1——样品中氯化钠的含量(g/100 mL)；

V——滴定稀释液消耗 0.1 mol/L 硝酸银标准滴定溶液的体积(mL)；

V_0——空白试验消耗 0.1 mol/L 硝酸银标准滴定溶液的体积(mL)；

c_1——硝酸银标准滴定溶液的浓度(mol/L)；

0.058 5——与 1.00 mL 硝酸银标准滴定溶液［$c(AgNO_3)$ = 1.000 mol/L］相当于氯化钠的质量(g)。

注意：同一样品平行试验的测定差不得超过0.10 g/100 mL。

思考与练习

1. 国家标准规定腐乳中氯化钠含量为多少？
2. 硝酸银标准滴定溶液用什么基准物标定？
3. 用硝酸银标准滴定溶液滴定试样至初显什么颜色为终点？
4. 实验中可能导致误差的因素有哪些？应该采取哪些措施来防范？

任务五　食醋中无盐固形物含量的测定

学习目标

1. 知识目标

（1）掌握可溶性无盐固形物含量的测定原理、基本过程和操作关键。
（2）熟练电子天平的使用方法。
（3）熟练掌握电热恒温干燥箱的使用方法。
（4）熟练掌握酸式滴定管的使用方法。

2. 能力目标

（1）熟练称量、过滤、定容、滴定等基本操作。
（2）会运用电子天平、电热恒温干燥箱检验食醋中总固形物的含量。
（3）会运用酸式滴定管检验食醋中氯化钠的含量。
（4）会计算食醋中可溶性无盐固形物的含量。

3. 情感态度价值观目标

（1）增强实验室安全意识。
（2）提高食品检验责任意识。
（3）提升产品质量安全意识。

任务描述

现有一酿造食醋样品，要求运用国家标准GB 18187—2000《酿造食醋》中“6.4　可溶性无盐固形物”测定方法检验样品中可溶性无盐固形物的含量。检验过程中要求保留初始数据，并将数据准确详细地记录在实验报告中，计算出检验结果，完成相应实验报告。最后根据食醋质量标准判断所检验的样品是否合格。检验结束后对完成本任务的过程进行综合评价考核。

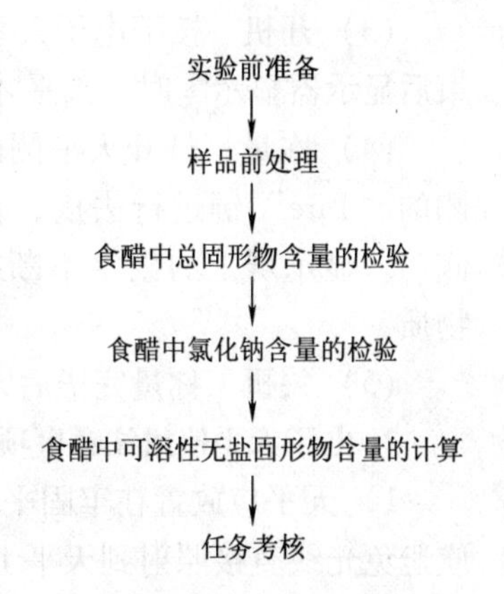

图2-10　食醋中可溶性无盐固形物检验流程

任务流程

根据图2-10中食醋中可溶性无盐固形物含量的检验流程完成本任务。

知识储备

一、检验食醋中可溶性无盐固形物含量的意义

酿造食醋中含有蛋白质、氨基酸、碳水化合物、有机酸、各种维生素和矿物质等多种成分。食醋中可溶性无盐固形物是指除水、食盐、不溶性物质外的其他物质的含量，是判断食醋质量的一项重要指标。其含量的高低直接反映出酿造食醋品质的好坏，也是影响食醋风味的重要因素。酿造食醋国家标准 GB 18187—2000 和配制食醋行业标准 SB/T 10337—2012 对可溶性无盐固形物含量均做出了规定，具体含量要求见表 2-13。

表 2-13　食醋中可溶性无盐固性物含量

项　目		指　标		
		酿造食醋		配制食醋
可溶性无盐固性物含量/(g/100 mL)	≥	固态发酵醋	液态发酵醋	
		1.00	0.50	0.50

二、食醋中可溶性无盐固形物含量的检验原理

食醋样品在 98～100 ℃的电热恒温干燥箱中进行干燥，水分被蒸发后，剩下的可溶性蛋白质、糖分、有机酸、色素和氮化物等物质统称为食醋的总固形物。总固形物减去氯化物（食盐），即得无盐固形物。

旧知识回顾

一、电子天平的使用方法

1. 电子天平使用方法

（1）调节水平　开机前观察天平后部水平仪的水泡是否位于圆环的中央。若位于中央则表明天平处于水平状态，否则需要调水平，即调节天平两侧的地脚螺栓，向左旋转可升高，向右旋转可下降，直到水泡位于圆环中央，平衡为止。

（2）预热　接通电源进行预热，时间为 30 min。电子天平在初次接通电源或长时间断电后开机时，至少需要预热 30 min。

（3）开机　按下电子天平的“ON/OFF”键，接通显示器，等待仪器自检。自检过程结束后显示器显示零时，天平才可用于称量。

（4）称量　打开天平侧门，将称量纸呈对角线对折后置于天平托盘上，按显示屏两侧的“Tare”键进行去皮，待显示器重新显示零时，在称量纸上加入称量物，关闭天平侧门。显示屏上的数字不断变化，待数字稳定后，读数并记录称量结果，取出称量好的物质。

（5）关机　称量完毕后，关闭天平侧门，按下“ON/OFF”键，关闭显示器。

2. 电子天平使用注意事项

1）天平应放置在牢固平稳的实验台上，室内要求清洁、干燥，有较恒定的温度，同时应避免光线直接照射到天平上。

2）称量时应从侧门取放物质，读数时应关闭箱门以免空气流动引起天平摆动。前门仅在检修或清除残留物质时使用。

3）电子天平若长时间不使用，则应定时通电预热，每周一次，每次至少预热30 min，以确保仪器始终处于良好使用状态。

4）天平箱内应放置吸潮剂（如硅胶），当吸潮剂吸水变色，应立即高温烘烤更换，以确保吸湿性能。

5）挥发性、腐蚀性、强酸与强碱类物质应盛于带盖称量瓶内称量，防止腐蚀天平。

6）称盘与外壳需经常用软布和牙膏轻轻擦洗，切不可用腐蚀的溶剂擦洗。

二、恒温干燥箱的使用方法

1. 恒温干燥箱的使用方法

1）把需干燥处理的物品放入干燥箱内，四周应留存一定空间，保持工作室内气流畅通，关闭箱门。

2）根据干燥物品的潮湿情况，把风门调节旋钮旋到合适位置，一般旋至“Z”处。若比较潮湿，将调节旋钮调节至“三”处（注意：风门的调节范围约60°）。

3）打开电源及风机开关。此时电源指示灯亮，电动机运转。

4）设定所需温度时按一下SET键，此时PV屏显示“5P”，用↑或↓改变原“SV”屏显示的温度值，直至达到需要值为止。设置完毕后，按一下SET键，PV显示“5T”（进入定时功能）。若不使用定时功能则再按一下SET键，使PV屏显示测量温度，SV屏显示设定温度即可（注意：不使用定时功能时，必须使PV屏显示的“ST”为零，即ST = 0）。

5）若使用定时，则当PV屏显示“5T”时，SV屏显示“0”；用加键设定所需时间（min）；设置完毕，按一下SET键，使干燥箱进入工作状态即可。

6）干燥结束后，如需更换干燥物品，则在开箱门更换前先将风机开关关掉，以防干燥物被吹掉；更换完干燥物品后（注意：取出干燥物时，千万注意小心烫伤），关好箱门，再打开风机开关，使干燥箱再次进入干燥过程；如不立刻取出物品，应先将风门调节旋钮旋转至“Z”处，再把电源开关关掉，以保持箱内干燥；如不再继续干燥物品，则将风门处于“三”处，把电源开关关掉，待箱内冷却至室温后，取出箱内干燥物品，将工作室擦干。

2. 恒温干燥箱使用注意事项

1）干燥箱外壳必须良好、有效接地，以保证安全。

2）干燥箱内不得放入易腐、易燃、易爆物品进行干燥。

3）当干燥箱工作室温度接近设定温度时，加热指示灯忽亮忽暗，反复多次，属正常现象。一般情况下，在测定温度达到控制温度后30 min左右，工作室内进入恒温状态。

4）当新设定温度低于100 ℃，用二次升温方式，可杜绝温度“过冲”现象，假设要设定为50 ℃，第一次设40 ℃，等温度过冲开始回落后再设定至50 ℃。

5）干燥箱在工作时，必须将风机开关打开，使其运转，否则箱内温度和测量温度误差很大，还会因此项操作引起电机或传感器烧坏。

6）箱内应保持清洁，长期不用应套好塑料防尘罩，放置在干燥的环境内。

7）第一次开机或使用一段时间或当季节（环境湿度）变化时，必须复核工作室内测量温度和实际温度之间的误差，即控温精度。

任务实施

一、实验前准备

1. 仪器设备

1）滤纸。

2）分析天平：感量0.1 mg。

3）电热恒温干燥箱。

4）移液管。

5）锥形瓶。

6）称量瓶：直径25 mm。

7）酸式滴定管。

2. 试剂材料

（1）0.1 mol/L 硝酸银标准滴定溶液　按GB/T 601—2002规定的方法配制和标定。

（2）铬酸钾溶液50 g/L　称取5 g铬酸钾用少量水溶解后定容至100 mL。

二、前处理

将食醋样品充分振摇后，用干滤纸滤入干燥的250 mL锥形瓶中备用。

三、测定

1. 样品中可溶性总固形物含量的检验

吸取2.00 mL样品置于已烘至恒重的称量瓶中，移入103 ℃ ±2 ℃电热恒温干燥箱中，将瓶盖斜置于瓶边。4 h后，将瓶盖盖好，取出，移入干燥器内（见图2-11），冷却至室温（约需0.5 h），称量。再烘0.5 h，冷却，称量，直至两次称量差不超过1 mg，即为恒重。将实验结果记录在表2-14中。

图2-11　实验室常用干燥器

表 2-14　可溶性总固形物含量检验记录

样品平行	恒重后可溶性总固形物和称量瓶的质量/g	称量瓶的质量/g	样品中总固形物的质量	平均值
1				
2				
3				
4				

2. 食醋中氯化钠含量的检验

吸取 2.00 mL 的样品置于 250 mL 锥形瓶中，加 100 mL 水及 1 mL 铬酸钾溶液，混匀。在白色瓷砖的背景下用 0.1 mol/L 硝酸银标准滴定溶液滴定，边滴边摇，滴定至溶液初显橘红色。同时做空白试验。将实验结果记录在表 2-15 中。

表 2-15　氯化钠含量检验记录

测定次数		$AgNO_3$ 标准溶液浓度/(mol/L)	消耗 $AgNO_3$ 标准溶液的体积/mL
样品	1		
	2		
空白	1		
	2		

四、实验结果计算

1. 食醋中可溶性总固形物含量

按式(2-10)进行计算。

$$X_3 = \frac{m_2 - m_1}{2} \times 100 \qquad (2\text{-}10)$$

式中　X_3——样品中可溶性总固形物的含量(g/100 mL)；

m_2——恒重后可溶性总固形物和称量瓶的质量(g)；

m_1——称量瓶的质量(g)。

2. 食醋中氯化钠含量

按式(2-11)进行计算。

$$X_2 = \frac{(V_2 - V_1) \times c_1 \times 0.058\,5}{2} \times 100 \qquad (2\text{-}11)$$

式中　X_2——样品中氯化钠的含量(g/100 mL)；

V_2——滴定样品稀释液消耗 0.1 mol/L 硝酸银标准滴定溶液的体积(mL)；

V_1——空白试验消耗 0.1 mol/L 硝酸银标准滴定溶液的体积(mL)；

c_1——硝酸银标准滴定溶液的浓度(mol/L)；

0.058 5——1.00 mL 硝酸银标准滴定溶液[$c(AgNO_3) = 1.000$ mol/L]相当于氯化钠的质量(g)。

◆ 要求同一样品平行试验的测定差不得超过 0.02 g/100 mL。

3. 食醋中可溶性无盐固形物含量

按式(2-12)进行计算。

$$X_1 = X_3 - X_2 \tag{2-12}$$

式中　X_1——样品中可溶性无盐固形物的含量(g/100 mL)；

X_2——样品中氯化钠的含量(g/100 mL)；

X_3——样品中可溶性总固形物的含量(g/100 mL)。

任务考核

请根据表2-16进行任务考核。

表2-16　食醋中可溶性无盐固形物含量测定任务考核

考核项目	考核内容	标准	学生自评	教师评价
过程考核	实验准备	准确配制标准硝酸银溶液并标定		
	测　定	正确使用电热恒温干燥箱		
		正确使用电子天平		
		正确使用酸式滴定管，正确判断终点		
	实验结果	测试结果在接受范围内		
职业素养	团结协助能力	教师观察小组成员合作能力		
	实验室安全意识	安全意识贯穿于整个实验过程中		

知识拓展

一、折光法检验酱油中可溶性无盐固形物含量

国家标准中用重量法检验可溶性无盐固形物含量，检验结果比较准确，但操作烦琐，不能实现快速测定。可溶性固形物的含量与溶液的折光率有关，因此可用折光计法检验可溶性固形物。

1. 实验前准备

1）手持式糖度计或阿贝折射仪。

2）电热恒温干燥箱：设定温度为105 ℃ ±1 ℃。

3）分析天平。

4）市售酱油样品。

2. 测定方法

取1～2滴酱油，滴于已校准的手持式糖度计或阿贝折射仪上，立即读取可溶性固形物的含量，用该值减去食盐含量即得可溶性无盐固形物的含量。

3. 讨论

用折光计法测定酱油中可溶性无盐固形物的含量，准确度较高，并且操作简便，分析速度快，实验成本低，易于普及。但同时也由于目视测量而存在一些人为读数误差等因素。

酱油中可溶性固形物含量越高，表明酱油中的糖类、有机酸、氨基酸等的含量越高。酱油中的糖类及氨基酸等成分，除酿造过程中产生外，有些是以调味为目的外加的，因此不能说可溶性无盐固形物含量越高，酱油的质量就越好，酱油的等级需要结合酱油的其他指标进行综合判定。

二、微波法快速检验酱油中可溶性无盐固形物

微波法快速检验酱油中可溶性无盐固形物的原理是：在微波加热条件下，试样中的水分及挥发性物质快速挥发，试样干燥至恒重，残留物为可溶性总固形物。可溶性总固形物减去食盐含量即为可溶性无盐固形物含量。

1. 实验前准备

1）微波水分固形物或挥发物测定仪。

2）电热恒温鼓风干燥箱。

3）电子天平：感量0.1 mg。

4）快速定量滤纸。

5）刻度移液管：1.00 mL。

6）滤纸。

2. 前处理

将待测试样充分振摇，然后用滤纸过滤，弃去初滤液，续滤液供测定用。

3. 测定

（1）设置仪器参数　温度105 ℃，加热功率50%，时间15 s。

（2）测定　精密吸取0.50 mL续滤液滴加于仪器内置的试样垫上，当仪器恒定后自动读取试样中可溶性总固形物含量。

4. 计算

试样中可溶性无盐固形物含量（g/100 mL）= 测得试样中可溶性总固形物含量(g/100 mL) - 食盐含量(g/100 mL)。食盐含量的测定按GB 18186—2000国家标准方法(硝酸银滴定法)操作。

思考与练习

1. 食醋中可溶性无盐固形物指的是什么？
2. 简述检验食醋中可溶性无盐固形物的流程。
3. 使用电热恒温干燥箱应该注意哪些问题？
4. 试分析重量法检验食醋中可溶性无盐固形物含量的优点与缺点。
5. 除了重量法外，还有其他的方法能检验出食醋中可溶性无盐固形物的含量吗？

任务六　酱油中氨基酸态氮含量的测定

学习目标

1. 知识目标

（1）掌握氨基酸态氮的测定原理、基本过程和操作关键。

（2）掌握数据处理和结果计算技术。

2. 能力目标

（1）会运用称量、过滤、定容、滴定等基本操作测定酱油中氨基酸态氮含量。

（2）会运用酸度计准确判断滴定终点。

（3）会根据数据处理基础知识合理评定本次实验过程的成功与不足。

3. 情感态度价值观目标

（1）认识到酱油中氨基酸态氮含量的高低对判断酱油质量好坏的重要性。

（2）感受到化学简单操作在酱油中氨基酸态氮含量的测定中发挥的巨大作用。

任务描述

给定任意一个酱油样品，用 pH 计法（参照 GB 18186—2000《酿造酱油》中“6.4　氨基酸态氮”测定法）测定其中氨基酸态氮的含量，保留初始数据，准确详细地记录在实验报告中，完成相应实验报告。

任务流程

GB 18186—2000《酿造酱油》中氨基酸态氮含量的测定采用 pH 计法（“6.4　氨基酸态氮”），检验程序如图 2-12 所示，任务分析见表 2-17。

仪器检查及试剂配制 → 酱油的稀释 → 酱油及空白的测定 → 实验结果记录及计算 → 考核评价

图 2-12　酱油中氨基酸态氮含量的检验程序

表 2-17　酱油中氨基酸态氮含量测定任务分析

序号	任务名称	工作对象	工作方式	工作环境	备注
1	配制试剂	缓冲溶液	班级合作	实验室	
2		甲醛			
3		氢氧化钠准液	班级合作配制，组内自行标定		
4	检查仪器	pH 计	组内分工合作		
5		碱式滴定管			
6		天平（感量 0.1 mg）			
7	处理样品	酱油的稀释			
8	测定	样品			
9		空白			
10	记录原始数据	实验报告			
11	计算实验结果	实验报告	单独完成	课后	
12	整理实验报告	实验报告		课后	

知识储备

一、检验酱油总氨基酸态氮的含量的意义

氨基酸态氮是营养指标，是酿造酱油中大豆蛋白水解率高低的特征性指标，是酱油的质量指标，是酱油中氨基酸含量的特征指标，其含量越高，酱油的鲜味越强，质量越好。氨基酸态氮是判定发酵产品发酵程度的特征指标。

氨基酸态氮是指以氨基酸形式存在的氮，它的含量与氨基酸的含量成正比关系，因此氨基酸态氮的含量也可以说明氨基酸的多少。在工业分析上，一般的常规检验中，多测定食品中氨基酸的含量，即氨基酸态氮的总量，通常采用碱滴定法进行简易测定。

二、国家标准对酱油中氨基酸态氮含量的规定

根据酿造酱油 GB 18186—2000 和配制酱油 SB/T 10336—2012 的规定，酱油中氨基酸态氮含量应符合表 2-18。

表 2-18　酱油中氨基酸态氮含量

指　　标	高盐稀态发酵酱油(含固稀发酵酱油)				低盐固态发酵酱油			
项　　目	特级	一级	二级	三级	特级	一级	二级	三级
酿造酱油(以氮计)/(g/100 mL)　≥	0.80	0.70	0.55	0.40	0.80	0.70	0.60	0.40
配制酱油(以氮计)/(g/100 mL)　≥	0.40							

三、pH 计法

氨基酸是酱油中的重要成分之一，是由原料中的蛋白质水解产生的，它同时具有氨基和羧基两性基团，它们相互作用形成中性内盐，利用氨基酸的两性作用，加入甲醛以固定氨基的碱性，使羧基显示出酸性，用氢氧化钠标准溶液滴定后定量，根据酸度计指示 pH 来控制终点。实验中发生式（2-13）和式（2-14）两个重要的反应式。

$$R-\underset{H}{\overset{NH_2}{C}}-COOH \xrightarrow{HCHO} R-\underset{H}{\overset{NHCH_2OH}{C}}-COOH \xrightarrow{HCHO} R-\underset{H}{\overset{N(CH_2OH)_2}{C}}-COOH \tag{2-13}$$

$$R-\underset{H}{\overset{N(CH_2OH)_2}{C}}-COOH + NaOH \longrightarrow R-\underset{H}{\overset{N(CH_2OH)_2}{C}}-COONa + H_2O \tag{2-14}$$

1. 怎样使用 pH 计

用蒸馏水清洗电极，插入 pH 为 6.86 的标准溶液中，调斜率最大，待读数稳定后，调“定位”键，再清洗电极并插入 pH 为 9.18 的标准溶液中，定位不动，待读数稳定，调“斜率”键，使读数为该溶液当时的 pH 值。

2. 标定氢氧化钠的操作步骤

（1）配制　称取 110 g 氢氧化钠，溶于 100 mL 无二氧化碳的水中，摇匀，注入聚乙烯容器中，密闭放置至溶液清亮。按表 2-19 的规定，用塑料管量取上层清液，用无二氧化碳的水稀释至 1 000 mL，摇匀。

表 2-19　配制氢氧化钠标准溶液(GB/T 601—2002)

氢氧化钠标准滴定溶液的浓度 c(NaOH)/(mol/L)	氢氧化钠溶液的体积 V/mL
1	54
0.5	27
0.1	5.4
0.05	2.7

（2）标定　在分析天平上准确称取三份已在105～110 ℃烘过2 h的基准物质邻苯二甲酸氢钾0.3～0.4 g于250 mL锥形瓶中，各加50 mL蒸馏水使之充分溶解，加2滴酚酞指示液(10 g/L)，用配制好的氢氧化钠溶液滴定至溶液由无色变为粉红色，并保持30 s不褪色即为终点。记下氢氧化钠溶液消耗的体积。要求三份标定的相对平均偏差应小于0.2%。同时做空白试验。氢氧化钠标准滴定溶液的浓度c(NaOH)，数值以“mol/L”表示，按照式（2-15)计算。

$$c(\mathrm{NaOH})=\frac{m\times 1\,000}{(V-V_0)M} \tag{2-15}$$

式中　m——邻苯二甲酸氢钾的质量的准确数值(g)；

V——氢氧化钠溶液的体积的数值(mL)；

V_0——空白试验用氢氧化钠溶液的体积的数值(mL)；

M——邻苯二甲酸氢钾的摩尔质量的数值(g/mol)［$M(\mathrm{KHC_8H_4O_4})=204.22$］。

任务实施

一、实验准备

1. 实验设备

1）pH计(附磁力搅拌器)。

2）碱式滴定管：25 mL。

3）移液管。

4）分析天平：感量为0.000 1 g。

2. 试剂器材

（1）缓冲溶液　pH 6.86和pH 9.18的缓冲标准溶液。

（2）甲醛溶液　37%～40%。

（3）0.05 mol/L氢氧化钠标准滴定溶液　按GB/T 601—2002规定的方法配制和标定。

甲醛有较强的挥发性，对眼和呼吸道黏膜有较强的刺激性，高浓度吸入可诱发支气管哮喘，所以应在通风橱中配制。甲醛还不宜直接接触，预防引起过敏性皮炎、色斑、坏死。

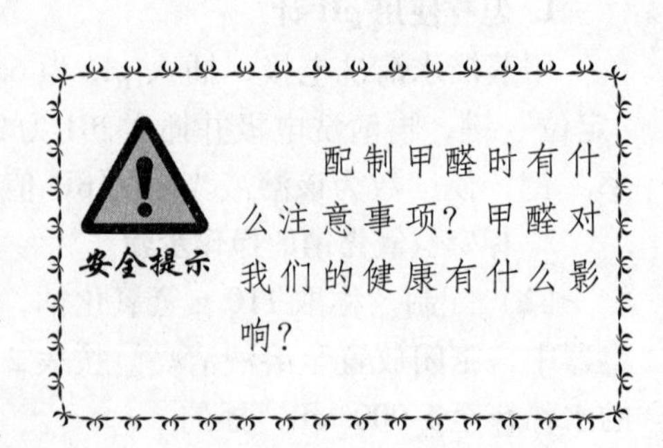

注意：标定氢氧化钠溶液时，用配制好的氢氧化钠溶液滴定至邻苯二甲酸氢钾溶液呈粉红色，并保持30 s不褪色。

二、前处理

酱油的颜色较深，为了避免它对滴定终点判断的干扰，在测定前我们要对样品进行适当的稀释。具体操作为，吸取5.0 mL样品，置于100 mL容量瓶中，加水至标尺，混匀。

三、测定

1. 样品测定

吸取上述经过稀释的样品溶液 20.0 mL，置于 200 mL 烧杯中，加 60 mL 水，开动磁力搅拌器，用氢氧化钠标准溶液[c(NaOH) = 0.05 mol/L] 滴定至酸度计指示 pH 8.2［记下消耗氢氧化钠标准滴定溶液(0.05 mol/L) 的体积，可计算总酸含量]。加入 10.0 mL甲醛溶液，混匀。再用氢氧化钠标准滴定溶液(0.05 mol/L) 继续滴定至 pH 9.2，记下消耗氢氧化钠标准滴定溶液(0.05 mol/L) 的体积。

加入甲醛后放置时间不宜过长，应立即滴定，以免甲醛聚合，影响测定结果。

2. 空白测定

取 80 mL 水，先用氢氧化钠溶液(0.05 mol/L) 调节 pH 为 8.2，再加入 10.0 mL 甲醛溶液，用氢氧化钠标准滴定溶液(0.05 mol/L) 滴定至 pH 为 9.2，记下消耗氢氧化钠标准滴定溶液(0.05 mol/L) 的体积。

四、计算实验结果，完成实验报告

1. 数据记录

将实验数据填入表 2-20。

表 2-20　酱油中氨基酸态氮含量测定记录

测定次数		NaOH 标准溶液浓度/(mol/L)	加入甲醛后消耗 NaOH 标准溶液的体积/mL
样品	1		
	2		
空白	1		
	2		

2. 实验结果

按式（2-16）进行计算。

$$X = \frac{(V_1 \cdot V_2) \times c \times 0.014}{V_3 \times \frac{5}{100}} \times 100 \tag{2-16}$$

式中　X——样品中氨基酸态氮的含量(以氮计)（g/100 mL)；

V_1——滴定样品稀释液消耗 0.05 mol/L 氢氧化钠标准滴定溶液的体积(mL)；

V_2——空白试验消耗 0.05 mol/L 氢氧化钠标准滴定溶液的体积（mL)；

V_3——样品稀释液取用量（mL)；

c——氢氧化钠标准滴定溶液浓度(mol/L)；

1. 由于氨离子能与甲醛作用，样品中若含有铵盐，将会使测定结果偏高。

2. 计算结果保留两位有效数字。统计本次任务实施的误差，要求为同一样品平行试验的测定差不得超过 0.03 g/100 mL。

0.014——1.00 mL 氢氧化钠标准滴定溶液 [$c(NaOH)=1.000$ mol/L] 相当于氮的质量 (g)。

任务考核

请根据表 2-21 进行任务考核。

表 2-21 酱油中氨基酸态氮含量测定任务考核

序号	考核内容	标　准	个人评价	教师评价
1	实验准备	正确完成天平水平位置调零		
2		正确配制甲醛溶液		
3		准确标定氢氧化钠溶液		
4	样品前处理	准确移取溶液		
5		准确稀释定容		
6	测定	滴定操作准确		
7		准确判断并控制滴定终点		
8	数据记录	如实记录实验数据		
9	结果计算	按要求保留有效数字		
10		准确计算结果		

知识拓展

一、用酸度计法测定酱油与腐乳中氨基酸态氮的含量的异同

由于样品的形态及化学成分的不同，需要选择合适的方法对不同的样品进行前处理。根据 SB/T 10170—2007 的规定，腐乳中氨基酸态氮含量的测定如下。

1. 操作方法

称取约 20.0 g 试样于 150 mL 烧杯中，加入 60 ℃的水 80 mL，搅拌均匀并置于电炉上加热煮沸后即放下，冷却至室温(每隔 30 min 搅拌一次)，然后移入 200 mL 容量瓶中，用少量水分次洗涤烧杯，洗液并入容量瓶中，并加水至刻度，混匀，用干燥滤纸滤入 250 mL 磨口瓶中备用。

吸取上述滤液 10.0 mL 置于 150 mL 烧杯中，加 50 mL 水，开动磁力搅拌器，用氢氧化钠标准溶液[$c(NaOH)=0.05$ mol/L]滴定至酸度计指示 pH 8.2[记下消耗氢氧化钠标准滴定溶液(0.05 mol/L)的体积，可计算总酸含量]。

加入 10.0 mL 甲醛溶液，混匀。再用氢氧化钠标准滴定溶液(0.05 mol/L)继续滴定至 pH 9.2，记下消耗氢氧化钠标准滴定溶液(0.05 mol/L)的体积。

同时做试剂空白试验，取 50 mL 水，先用氢氧化钠标准滴定溶液(0.05 mol/L)调节 pH 为 8.2，再加入 10.0 mL 甲醛溶液，用氢氧化钠标准滴定溶液(0.05 mol/L)滴定至 pH 9.2，记下消耗氢氧化钠标准滴定溶液(0.05 mol/L)的体积。

2. 结果计算

按式(2-17)进行计算。

$$X = \frac{(V_1 - V_2) \times c \times 0.014}{\frac{m}{200} \times 10} \times 100 \tag{2-17}$$

式中　X——样品中氨基酸态氮的含量(以氮计)(g/100 mL)；

V_1——滴定样品稀释液消耗0.05 mol/L氢氧化钠标准滴定溶液的体积(mL)；

V_2——空白试验消耗0.05 mol/L氢氧化钠标准滴定溶液的体积(mL)；

m——称取试样的质量(g)；

c——氢氧化钠标准滴定溶液浓度(mol/L)；

0.014——与1.00 mL氢氧化钠标准滴定溶液[c(NaOH) = 1.000 mol/L]相当于氮的质量(g)。

◆ 计算结果保留两位有效数字。

二、比色法测定酱油中氨基酸态氮含量

1. 操作原理

在pH4.8的乙酸钠—乙酸缓冲溶液中,氨基酸与乙酰丙酮和甲醛反应生成黄色的3,5-二乙酰基-2,6-二甲酸-1,4-二氢吡啶氨基酸衍生物。在波长400 nm处测定吸光度,与标准系列比较定量。

2. 实验设备

1)分光光度计。

2)比色管及相关玻璃器皿。

3. 试剂材料

1)乙酸溶液(1 mol/L)。

2）乙酸钠溶液(1 mol/L)。

3）乙酸钠—乙酸缓冲溶液：60 mL乙酸钠溶液与40 mL乙酸溶液混合。

4）显色剂：15 mL 37%甲醛与7.8 mL乙酰丙酮混合，加水稀释至100 mL，剧烈振摇混匀。

5）氨氮标准储备溶液(1.0 g/L)：精密称取105 ℃干燥2 h的硫酸铵0.472 0 g，加水溶解后移入100 mL容量瓶中，稀释至刻度，混匀，10 ℃以下稳定1年以上。

6）氨氮标准使用溶液(0.1 g/L)：用移液管精密移取10.0 mL氨氮标准储备液(1.0 g/L)于100 mL容量瓶内，加水至标尺，混匀。

4. 实验步骤

（1）绘制标准曲线　精密吸取氨氮标准使用溶液0 mL，0.05 mL，0.1 mL，0.2 mL，0.4 mL，0.6 mL，0.8 mL，1.0 mL分别于10 mL比色管中，各加入4 mL乙酸钠－乙酸缓冲液及4 mL显色剂。置于10 ℃水浴中加热15 min，取出，冷却至室温，移入1 cm比色皿内，以零管为参比，于波长400 nm处测定吸光度，绘制标准工作曲线。

（2）试样测定　精密吸取1.0 mL试样于50 mL容量瓶中，加水稀释至刻度，混匀。精密移取1.0 mL试样稀释溶液于10 mL比色管中，以下按标准工作曲线中“加入4 mL乙酸钠—乙酸缓冲液及4 mL显色剂……”同样操作。

5. 实验结果计算

按式（2-18）进行计算。

$$X = \frac{c}{V_1 \times \frac{V_2}{50} \times 1\,000 \times 1\,000} \times 100 \quad (2\text{-}18)$$

式中 X——试样中氨基酸态氮的含量(g/100 mL)；

c——试样测定液中氮的质量(μg)；

V_1——试样体积(mL)；

V_2——试样稀释液体积(mL)。

精密度：在重复性条件下获得的两次独立测定结果的绝对差值不得超过算术平均值的10%。

思考与练习

1. 国家标准规定配制酱油中氨基酸态氮含量为多少？
2. 用pH计法测定样品时，加入甲醛溶液后不能放置太久的原因是什么？
3. 能同时检测酱油中总酸含量和氨基酸态氮含量吗？
4. 氨基酸态氮测定实验中可能导致误差的因素有哪些？应该采取哪些措施来防范？

任务七　酱油中铵盐的检验

学习目标

1. 知识目标

(1) 掌握铵盐的测定原理、基本过程和操作关键。

(2) 掌握数据处理和结果计算技术。

2. 能力目标

(1) 会运用过滤、称量、吸取、滴定等基本操作测定酱油中铵盐含量。

(2) 会对样品进行蒸馏操作。

(3) 会准确判断滴定终点。

3. 情感态度价值观目标

认识到酱油中铵盐含量的高低对判断酱油质量好坏的重要性。

任务描述

给定任意一个酱油样品，运用半微量定氮法(根据GB/T 5009.39—2003规定)检验出酱油中铵盐的含量，保留初始数据，准确详细地记录在实验报告中，完成相应实验报告。然后根据检验结果结合酱油质量标准(GB 18186—2000)判断样品的铵盐含量是否符合国家标准。

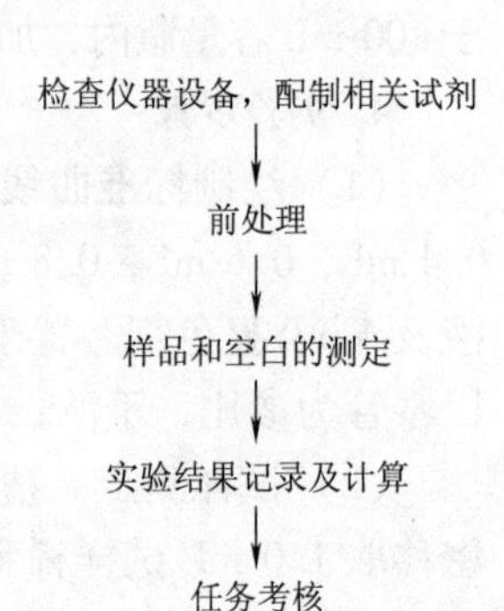

图2-13　酱油中铵盐含量的检验程序

任务流程

完成本任务的检验程序如图2-13所示，任务分析见表2-22。

表 2-22 酱油中铵盐含量测定任务分析

序号	任务名称	工作对象	工作方式	工作环境	备注
1	配制试剂	氧化镁	班级合作	实验室	
2		硼酸溶液			
3		混合指示剂(甲基红—溴甲酚绿)			
4		盐酸标准滴定溶液	组内自行配制		
5	检查仪器	500 mL 凯氏烧瓶	组内分工合作		
6		蒸馏装置			
7	处理样品	样品过滤，吸取			
8	测定	样品			
9		空白			
10	记录原始数据	实验报告			
11	计算实验结果	实验报告	单独完成	课后	
12	整理实验报告	实验报告		课后	

知识储备

一、酱油中铵盐的主要来源

酱油是人们日常生活烹调中不可缺少的调味品，因此，人们对酱油质量的要求也越来越高。酱油的主要鲜味来源于蛋白质的分解产物氨基酸，占酱油全氮物的50%左右，氨基酸的含量在酱油卫生指标中以氨基酸态氮表示，其含量越高酱油质量越好。铵盐同属于酱油中的全氮物质之一，是酱油中存在的非营养成分，其含量应给予限制。在成品酱油中，铵盐的来源主要有三个方面。

1. 来自于酱油的发酵过程

酱醅在发酵过程中其蛋白质的分解或过度分解产生少量的游离氨，游离氨溶于水形成NH_4^+，再与酸结合成为铵盐。在酱油的酿造过程中，如果工艺稳定，并且相关参数控制合理，则蛋白质水解产生氨基酸就多，形成的铵盐则少；反之，如果工艺不稳定，参数控制不适当，酱油酿造过程中形成的铵盐就多，甚至超标。如使用不洁甚至霉变的原料，或在蒸料、制曲、制醅发酵、淋油中，如果工艺、操作不当，卫生条件不好，酱油就会被大量杂菌污染而产生游离氨，近而与酸结合形成铵盐。

2. 加入焦糖色时带入

焦糖色是非结晶型深红褐色的胶体聚合物，其颜色为绝大多数人所喜爱，并且具有着色均匀、稳定等特性，深受生产厂家和商业部门的欢迎。焦糖色作为一种食品着色剂被广泛应用于食品、饮料等行业。酱油专用焦糖色是食品添加剂的一个品种，属于天然色素范畴。在酱油中添加焦糖色具有增加色泽，改善酱油体态，提高品质，缩短发酵时间的周期，提高酱油的收率等优点。

根据焦糖色的制造化学机理，可将焦糖色分为两种，一种是焦糖化反应生产(非铵法生产)，另一种是亚硫酸铵法生产。单纯地使用可食用的碳水化合物如葡萄糖、转化糖、乳糖、麦芽糖、糖蜜、淀粉糖浆的水解物，不加铵类化合物，糖类发生焦糖化反应，一般称为非铵法焦糖生产方法。亚硫酸铵法生产焦糖色是指在生产时除糖品原料外，还加入铵类化合物，如氯化铵等，或赖氨酸、组氨酸等。由于铵的加入，促进了褐色素加快形成，缩短了焦糖色的生产时间，从而为焦糖色的制造提供了一条新的工艺路线。目前应用这种工艺路线生产焦糖色在世界范围内占大多数。

亚硫酸铵法生产焦糖色具有较多的优越性，用其配兑酱油会增加铵盐的含量。如果有些企业单纯为了降低生产成本，使用劣质酱色，不但会造成产品凝絮沉淀，而且还会使酱油中的铵盐含量超标。不仅如此，在200～260 ℃时，糖与铵盐经过一系列复杂反应可产生多种杂环化合物，如吡嗪、吡啶、咪唑类化合物及他们的衍生物。这些化合物大部分是构成焦糖色的风味化学成分，也有部分化合物严重影响人体健康。例如4-甲基咪唑，它具有致惊厥作用，若含量较高，对人有害。

3. 不法厂家为提高酱油全氮物含量和氨基酸态氮含量而违规加入

一些不法生产者在生产过程中，为了提高酱油中氨基酸态氮和全氮的含量，人为添加低成本的铵盐类产品等。

二、酱油中铵盐含量的检验意义

测定酱油中铵盐含量具有两方面的意义，一是能判断出酱油是否符合国家标准；二是能真实地反映出酱油全氮和氨基酸态氮的含量，正确评价酱油的质量。有研究表明，因违规加入铵盐(如氯化铵)会直接提高全氮测定结果数值，并使甲醛法测定氨基酸态氮的含量明显偏高。

三、国家标准对酱油中铵盐含量的规定

根据酿造酱油国家标准 GB 18186—2000 对酱油中铵盐含量的规定，成品酱油中铵盐的含量不得超过氨基酸态氮含量的30%。

四、半微量定氮法原理

依据《酱油卫生标准的分析方法》(GB/T 5009.39—2003)，可以采用半微量定氮法来检验酱油中铵盐的含量，其原理为将试样在碱性溶液中加热蒸馏，使氨游离蒸，再用硼酸溶液吸收，然后用盐酸标准溶液滴定并计算铵盐的含量。实验中发生式(2-19)、式(2-20)和式(2-21)三个重要的反应式。

$$2NH_4^+ + 2NaOH \rightarrow 2Na^+ + 2NH_3 + 2H_2O \quad (2\text{-}19)$$

$$NH_3 + 4H_3BO_3 \rightarrow NH_4HB_4O_7 + 5H_2O \quad (2\text{-}20)$$

$$NH_4HB_4O_7 + HCl + 5H_2O \rightarrow NH_4Cl + 4H_3BO_3 \quad (2\text{-}21)$$

一、电炉的安全操作及注意事项

1）电炉应放置在通风橱内，其周围不要堆放可燃物，电炉下面应用砖或石棉板等耐热抗燃的物体作垫板，严禁将其直接放在木板上。

2）使用电炉时电源线不要松弛地悬吊在炉子上方，以防高温将其烤燃，引发事故。

3）使用电炉时，上面应放置石棉网，并且人不要离开，如需离开应先切断电源。

4）要用干燥的手持电源插头，准确地插入电源插座内，不得湿手操作。

5）在使用过程中如遇到停电，要立即断开电源，防止来电后温升过高引发火灾事故。

6）电炉用完之后，要断掉电源待其完全冷却后再收放起来。

7）在使用电炉过程中，如突然发生起火、爆炸等意外情况时，首先要切断电源（拉下配电盘上的开关），然后用干粉灭火器进行紧急灭火处置。

二、标定盐酸

1. 配制

按表2-23的规定量取盐酸，注入1 000 mL水中，摇匀。

表2-23 配制盐酸标准溶液（GB/T 601—2002）

盐酸标准滴定溶液的浓度 c(HCl)/(mol/L)	盐酸溶液的体积 V/mL
1	90
0.5	45
0.1	9

2. 标定

按表2-24的规定称取于270～300 ℃高温炉中灼烧至恒重的工作基准试剂无水碳酸钠，溶于50 mL水中，加10滴溴甲酚绿—甲基红指示液，用配制好的盐酸溶液滴定至溶液由绿色变为暗红色，煮沸2 min，冷却后继续滴定至溶液再呈暗红色。同时做空白试验。

表2-24 标定盐酸标准溶液（GB/T 601—2002）

盐酸标准滴定溶液的浓度 c(HCl)/(mol/L)	工作基准试剂无水碳酸钠的质量 m/g
1	1.9
0.5	0.95
0.1	0.2

盐酸标准滴定溶液的浓度[c(HCl)]，数值“mol/L”表示，按式(2-22)计算

$$c(\mathrm{HCl})=\frac{m\times 1\,000}{(V_1-V_2)M} \tag{2-22}$$

式中 m——无水碳酸钠的质量的准确数值(g)；

V_1——盐酸溶液的体积的数值(mL)；

V_2——空白试验盐酸溶液的体积的数值(mL)；

M——无水碳酸钠的摩尔质量的数值(g/mol)[$M(\frac{1}{2}\mathrm{Na_2CO_3})=52.994$]。

任务实施

一、实验准备

1. 仪器设备

1）500 mL凯氏烧瓶。

2）称量纸、量筒、烧杯、容量瓶、移液管、玻璃棒等。

3）分析天平：感量为0.000 1 g。

4）连接蒸馏装置（见图2-14）。

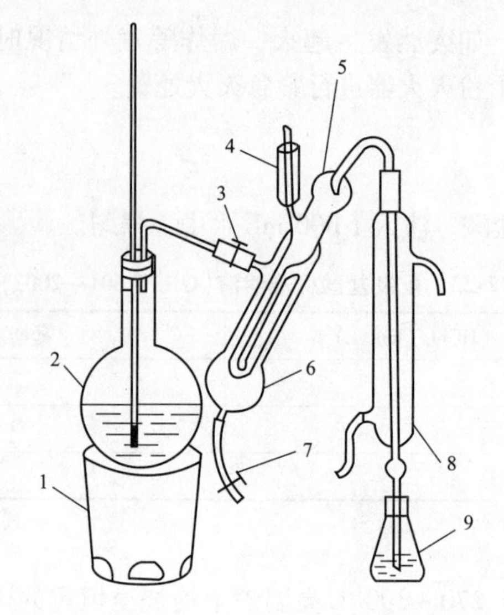

图 2-14　半微量定氮装置

1—电炉　2—凯氏烧瓶(500 mL)　3—螺旋夹　4—小玻杯及棒状玻塞
5—反应室　6—反应室外层　7—橡皮管及螺旋夹　8—冷凝管　9—蒸馏液接收瓶

2. 试剂器材

1）氧化镁。

2）硼酸溶液(20 g/L)。

3）盐酸标准滴定溶液[c(HCl) = 0.100 mol/L](按照 GB/T 601—2002 规定的方法配制和标定)。

4）混合指示剂：甲基红—乙醇溶液(2 g/L)1 份与溴甲酚绿—乙醇溶液(2 g/L)5 份，临用时混匀。

3. 注意事项

1）整个装置应严密不漏气。

2）要注意冷凝管的进水、出水方向(即冷却水下进上出)。

3）甲基红—溴甲酚绿混合指示剂必须于临用前按比例混匀，其在碱性溶液中呈绿色，在中性溶液中呈灰色，在酸性溶液中呈红色。

4）浓盐酸具有挥发性，刺激性气味，接触盐酸蒸汽或烟雾可引起急性中毒，出现眼结膜炎，鼻及口腔黏膜有烧灼感，鼻衄、齿龈出血，气管炎等。慢性影响：长期接触，引起慢性鼻炎、慢性支气管炎、牙齿酸蚀症及皮肤损害。对环境有危害，对水体和土壤可造成污染。浓盐酸不易燃，具强腐蚀性、强刺激性，可致人体灼伤。配制时需在通风橱中进行。

配制盐酸标准滴定溶液时有什么注意事项？对我们的健康有什么影响？

二、前处理

由于酱油是纯粮食酿造的，会有少许沉淀物，所以需要将酱油进行过滤。

三、测定

1. 样品测定

吸取经过过滤的样品 2.0 mL，置于 500 mL 凯氏烧瓶中，加约 150 mL 水及约 1 g 氧化镁，连接好蒸馏装置，并使冷凝管下端连接弯管伸入接收瓶液面下，接收瓶内盛有 10 mL 硼酸溶液(20 g/L)及 2～3 滴混合指示液，加热蒸馏，由沸腾开始计算蒸约 30 min 即可，用少量水冲洗弯管，以盐酸标准溶液(0.100 mol/L)滴至终点。

2. 空白测定

取同量水、氧化镁、硼酸溶液按同一方法做试剂空白试验。

3. 注意事项

1）将吸取的样品倒入凯氏烧瓶时，不要将样品粘在瓶颈上，以免反应不彻底。蒸馏过程中要逐渐升温，避免剧烈沸腾，把温度控制在适当的温度，保证在 30 min 的蒸馏时间内凯氏烧瓶不被蒸干。

2）试样加入氧化镁后，应立即盖塞并加水封，注意各接头处的密封情况，防止漏气；冷凝管下端的连接弯管应伸入接收瓶液面下，以防止氨气溢出。

3）因蒸馏时反应室内的压力大于大气压力，故可将氨带出。所以，蒸馏时，蒸汽要产生均匀、充足，蒸馏中不得停火断气，否则，会发生倒吸。停止蒸馏时，由于反应室内的压力突然降低，可使液体倒吸入反应室内，所以，操作时，应先将冷凝管下端提出液面并清洗管口，再蒸 1 min 后关掉热源。蒸馏是否完全，可用精密 pH 试纸测冷凝管口的冷凝液来确定，若冷凝管口冷凝液呈中性，则说明已蒸馏完全。

四、计算实验结果，完成实验报告

1. 填写数据

将实验数据填入表 2-25。

表 2-25　酱油中铵盐测定实验数据

测定次数		HCl 标准溶液浓度/(mol/L)	消耗 HCl 标准溶液的体积/mL
样品	1		
	2		
空白	1		
	2		

2. 实验结果计算

按式（2-23）进行计算。

$$X=\frac{(V_1-V_2)\times c\times 0.017}{V_3}\times 100 \tag{2-23}$$

式中　X——试样中铵盐的含量(以氨计)(g/100 mL)；

V_1——测定用试样消耗盐酸标准滴定溶液的体积(mL)；

V_2——试剂空白消耗盐酸标准滴定溶液的体积(mL)；

c——盐酸标准滴定溶液的实际浓度(mol/L)；

0.017——与 1.00 mL，盐酸标准溶液[c(HCl) = 1.000 mol/L]相当的铵盐(以氨计)的质量(g)；

V_3——试样体积(mL)。

注意：计算结果保留两位有效数字。统计本次任务实施的误差，在重复性条件下获得的两次独立测定结果的绝对差值不得超过算术平均值的10%。

任务考核

请根据表2-26进行任务考核。

表2-26　酱油中铵盐测定任务考核

序号	考核内容	标　准	个人评价	教师评价
1	实验准备	正确完成天平水平位置调零		
2		正确使用电炉		
3		正确使用蒸馏装置		
4		准确配制相关试剂		
5	样品前处理	准确移取样品、相关试剂		
6	测定	滴定操作准确		
7		准确判断并控制滴定终点		
8	数据记录	如实记录实验数据		
9	结果计算	按要求保留有效数字		
10		准确计算结果		
11	职业素养	小组合作能力		
12		实验室安全意识贯穿于整个实验过程中		

知识拓展

一、用半微量定氮法检验黄豆酱中铵盐的含量

由于样品的形态及化学成分的不同，需要选择合适的方法对不同的样品进行前处理。根据GB/T 24399—2009的规定，黄豆酱中铵盐含量的测定如下。

1. 操作方法

称取约2 g已磨好的试样，置于500 mL凯氏烧瓶中，加约150 mL水及约1 g氧化镁，连接蒸馏装置，并使冷凝管下端连接弯管伸入接收瓶液面下，接收瓶内盛有10 mL硼酸溶液(20 g/L)及2~3滴混合指示液，加热蒸馏，由沸腾开始计算蒸约30 min即可，用少量水冲洗弯管，以盐酸标准溶液(0.100 mol/L)滴至终点。

空白测定取同量水、氧化镁、硼酸溶液按同一方法做试剂空白试验。

2. 实验结果计算

按式(2-24)进行计算。

$$X=\frac{(V_1-V_2)\times c\times 0.014}{m}\times 100 \tag{2-24}$$

式中　X——试样中铵盐的含量(以氨计)(g/100 g)；

V_1——测定用试样消耗盐酸标准滴定溶液的体积(mL)；

V_2——试剂空白消耗盐酸标准滴定溶液的体积(mL)；

c——盐酸标准滴定溶液的实际浓度(mol/L)；

0.014——与1.00 mL盐酸标准溶液[c(HCl) = 1.000 mol/L]相当的铵盐(以氨计)的质量(g)；

m——称取试样质量(g)。

精密度：在重复性条件下获得的两次独立测定结果的绝对差值不得超过算术平均值的10%，计算结果保留两位有效数字。

二、降低酱油中的铵盐含量的措施

1）采购并使用优质原料，从源头切断杂菌，防止杂菌污染。

2）保持曲室、设备及工具的清洁卫生，防止从设备和工具的积料中带入杂菌，造成污染。

3）制订合理的工艺流程，把握适宜的工艺参数，严格加强工艺管理，做到料要蒸熟，灭菌彻底，同时使用合格的种曲，接种量不宜过少，从而保证米曲霉的生长占绝对优势，有效抑制杂菌的生长繁殖，防止杂菌污染。

4）使用优质酱色，尽量减少配料带入的铵盐。

思考与练习

1. 国家标准规定酱油中铵盐含量不能超过氨基酸态氮含量的多少？
2. 国家标准规定酱中铵盐含量不能超过氨基酸态氮含量的多少？
3. 酱油中铵盐含量的高低对酱油有什么影响？说明什么问题？
4. 实验中可能导致误差的因素有哪些？应该采取哪些措施来防范？

任务八　酱油中全氮含量的测定

学习目标

1. 知识目标

（1）掌握全氮的测定原理、基本过程和操作关键。

（2）掌握数据处理和结果计算技术。

2. 能力目标

（1）熟练运用蒸馏法检验酱油中全氮含量。

（2）熟练运用酸式滴定管滴定接收瓶内的溶液呈紫红色为止，准确判断滴定终点。

（3）会根据数据处理基础知识合理评定本次实验过程的成功与不足。

3. 情感态度价值观目标

认识到酱油中全氮含量的高低对酱油质量好坏的重要性。

任务描述

给定任意一个酱油样品，用凯氏定氮法(参照GB 18186—2000《酿造酱油》中“6.3　全氮”测定法)测定出全氮的含量，保留初始数据，准确详细地记录在实验报告中，完成相应实验报告。

任务流程

GB 18186—2000《酿造酱油》中全氮含量的测定采用凯氏定氮法（“6.3　全氮”），检验程序如图 2-15 所示。

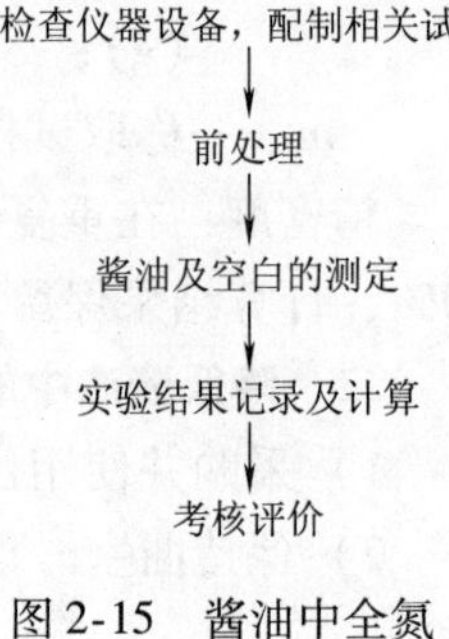

图 2-15　酱油中全氮含量的检验程序

知识储备

一、检测酱油中全氮的含量的意义

酱油是我们日常生活中不可或缺的调味品之一，全氮指标是衡量酿造酱油产品质量好坏的重要指标之一，其含量是界定酱油质量等级的重要依据，所以对产品检验结果的准确性应严格把握。

蛋白质是由很多的氨基酸单体以肽键结合而成的具有一定空间结构的含氮有机化合物，分子量高达数万至数百万，主要由 C、H、O、N、S 元素组成，也含有 P、Cu、Fe、I 等元素。含氮是蛋白质区别于其他有机化合物的主要标志。

二、凯氏定氮法介绍

1. 凯氏定氮原理

样品与浓硫酸和催化剂一同加热消化，使蛋白质分解，其中碳和氢被氧化成二氧化碳和水逸出，而部分硫酸被还原成二氧化硫，样品中的有机氮转化为氨与过量的硫酸结合成硫酸铵；然后加碱蒸馏，使氨蒸出，用弱酸（硼酸）吸收后再以标准强酸如盐酸或硫酸溶液滴定，根据标准酸消耗量可计算出蛋白质的含量。

2. 凯氏定氮过程中发生的化学反应

（1）消化　有机物中氮在强热和 $CuSO_4$ 和浓 H_2SO_4 作用下，消化生成硫酸铵 $(NH_4)_2SO_4$，反应式见式（2-25）。

$$2NH_2(CH_2)_2COOH+13H_2SO_4 = (NH_4)_2SO_4+6CO_2\uparrow+12SO_2\uparrow+16H_2O \quad (2\text{-}25)$$

（2）蒸馏与吸收　硫酸铵在凯式定氮器中与碱作用，通过蒸馏释放出 NH_3，收集于 H_3BO_3 溶液中，反应式见式（2-26）和式（2-27）。

$$2NaOH+(NH_4)_2SO_4 \stackrel{\triangle}{=} 2NH_3\uparrow+Na_2SO_4+2H_2O \quad (2\text{-}26)$$

$$2NH_3+4H_3BO_3 = (NH_4)_2B_4O_7+5H_2O \quad (2\text{-}27)$$

三、国家标准对酱油中全氮含量的规定

依据酿造酱油 GB 18186—2000 和配制酱油 SB/T 10336—2012 的规定，酱油中全氮含量应符合表 2-27。

表 2-27　酱油中全氮含量

指　标	高盐稀态发酵酱油（含固稀发酵酱油）				低盐固态发酵酱油			
项　目	特级	一级	二级	三级	特级	一级	二级	三级
酿造酱油（以氮计）/（g/100 mL）≥	1.50	1.30	1.00	0.70	1.60	1.40	1.20	0.80
配制酱油（以氮计）/（g/100 mL）≥	0.70							

任务实施

一、实验准备

1. 实验设备

1）凯氏烧瓶：500 mL。

2）冷凝器。

3）电热恒温干燥箱。

4）氮球。

5）分析天平：感量 0.1 mg。

6）酸式滴定管：25 mL。

7）移液管。

2. 试剂材料

1）混合指示液：1 份 0.2% 甲基红—乙醇溶液与 5 份 0.2% 溴甲酚绿—乙醇溶液配合。

2）混合试剂：3 份硫酸铜与 50 份硫酸钾混合。

3）硫酸：95% ~98%。

4）2% 硼酸溶液：称取 2 g 硼酸，加水溶解定容至 100 mL。

5）锌粒。

6）40% 氢氧化钠溶液：称取 40 g 氢氧化钠，溶于 60 mL 水中。

7）0.1 moL 盐酸标准滴定溶液：按 GB/T 601—2002 规定的方法配制和标定。

3. 注意事项

1）浓硫酸对皮肤、黏膜等组织有强烈的刺激和腐蚀作用。皮肤灼伤轻者出现红斑，重者形成溃疡，愈后瘢痕收缩功能受影响。溅入眼内可造成灼伤，甚至角膜穿孔、全眼炎以至失明。

2）浓硫酸对环境有危害，对水体和土壤可造成污染。加入浓硫酸时需在通风橱中进行。

3）氢氧化钠有强烈刺激性和腐蚀性。皮肤和眼与氢氧化钠直接接触会引起灼伤，误服可造成消化道灼伤，黏膜糜烂、出血和休克。该品不会燃烧，遇水和水蒸气大量放热，形成腐蚀性溶液。配制时需在通风橱中进行。

4）浓盐酸具有挥发性，产生刺激性气味，接触其蒸汽或烟雾可引起急性中毒，出现眼结膜炎，鼻及口腔黏膜有烧灼感，鼻衄、齿龈出血，气管炎等。配制时注意安全。

5）用配制好的盐酸溶液滴定至溶液绿色变为暗红色，煮沸 2 min，冷却后继续滴定至溶液再呈暗红色。

二、前处理

由于酱油是纯粮食酿造的酱油，会有少许沉淀物，所以需要将酱油进行过滤。吸取 2 mL酱油试样，移入干燥的凯氏烧瓶中，同时加入 4 g 硫酸铜—硫酸钾混合试剂及 10 mL 浓硫酸，在通风橱内加热消化（烧瓶口放一个小漏斗，将烧瓶 45°斜置于电炉上）。消化装置如图 2-16 所示。

温馨提示

1. 加入硫酸铜是加快反应速度。

2. 加入硫酸钾是提高反应温度。

3. 加入浓硫酸是破坏有机物，快速炭化。

4. 加入上述药品需要在通风橱内操作。

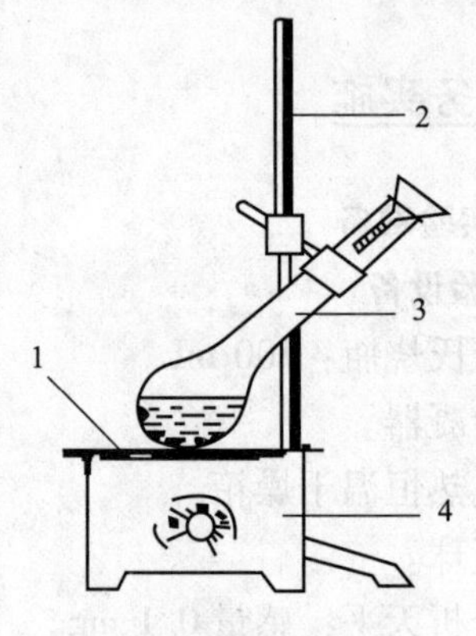

图2-16 样品消化装置

1—石棉网 2—铁支架 3—凯氏烧瓶 4—电炉

三、测定

1. 样品测定

待内容物全部炭化，泡沫完全消失后，缓慢加水120 mL，将冷凝管下端的导管浸入盛有30 mL 2%硼酸溶液及2~3滴混合指示液的锥形瓶的液面下。沿凯氏烧瓶瓶壁缓慢加入40 mL 40%氢氧化钠溶液、2粒锌粒，迅速连接蒸馏装置(整个装置应严密不漏气)，接通冷凝水，振摇凯氏烧瓶，加热蒸馏至馏出液约120 mL。降低锥形瓶的位置，使冷凝管下端离开液面，再蒸馏1 min，停止加热。用少量水冲洗冷凝管下端的外部，取下锥形瓶。用0.1 mol/L盐酸标准滴定溶液滴定收集液至紫红色为终点。记录消耗0.1 mol/L盐酸标准滴定溶液的体积。

2. 空白测定

取同量水、同量试剂按同一方法做试剂空白试验。

四、计算实验结果，完成实验报告

1. 数据记录

将实验数据填入下表2-28。

表2-28 酱油中全氮含量测定数据

测定次数		HCl标准溶液浓度/(mol/L)	消耗HCl标准溶液的体积/mL
样品	1		
	2		
空白	1		
	2		

2. 实验结果计算

按式(2-28)计算。

$$X=\frac{(V_1-V_2)\times c\times 0.014}{2}\times 100 \qquad (2\text{-}28)$$

式中 X——样品中全氮含量(以氮计)(g/100 mL)；

V_1——滴定样品消耗0.1 mol/L盐酸标准滴定溶液的体积(mL)；

V_2——空白试验消耗0.1 mol/L盐酸标准滴定溶液的体积(mL)；

c——盐酸标准滴定溶液浓度(mol/L)；

0.014——1.00 mL 盐酸标准滴定溶液[$c(HCl)$ = 1.000 mol/L]相当于氮的质量(g)；

1. 消化时间不宜过长，过长导致数据不准确。

2. 计算结果保留两位有效数字。统计本次任务实施的误差，同一样品平行试验的测定差不得超过 0.03 g/100 mL。

任务考核

根据表 2-29 进行任务考核。

表 2-29　酱油中全氮含量测定任务考核

序号	考核内容	标　　准	个人评价	教师评价
1	实验准备	正确完成天平水平位置调零		
2		正确使用电炉子		
3		正确使用蒸馏装置		
4		准确配制相关试剂		
5	样品前处理	准确移取样品、相关试剂		
6	测定	滴定操作准确		
7		准确判断并控制滴定终点		
8	数据记录	如实记录实验数据		
9	结果计算	按要求保留有效数字		
10		准确计算结果		
11	职业素养	小组合作能力		

知识拓展

一、用凯氏定氮法测定腐乳水溶性蛋白的含量

腐乳是中国传统的发酵食品之一，具有特殊的风味与质地。蛋白质等大分子物质在水解酶作用下降解形成小分子物质从而引起质地与风味的变化。在腐乳的酿造过程中蛋白质的降解是决定最终产品品质的主要原因之一，腐乳中水溶性蛋白质的含量可以达到 54.338%。

由于样品的形态与化学成分的不同，需要选择合适的方法对不同的样品进行前处理。根据 SB/T 10170—2007 的规定，腐乳中水溶性蛋白含量的测定方法如下。

1. 前处理

1）将漏斗置于锥形瓶上，用不锈钢筷子将样品从瓶中直接取出，放于漏斗上静置 30 min，以除去卤汤。取约 150 g 不含卤汤的腐乳样品，放入洁净干燥的研钵中研磨成糊状，混匀后备用。

2）称取约 20.0 g 试样于 150 mL 烧杯中，加入 60 ℃的水 80 mL，搅拌均匀并置于电炉上加热煮沸后即放下，冷却至室温(每隔 30 min 搅拌一次)，然后移入 200 mL 容量瓶中，用少量水分次洗涤烧杯，洗液并入容量瓶中，并加水至刻度，混匀，用干燥滤纸滤入 250 mL 磨口瓶中备用。

2. 样品消化

吸取上述滤液 10.0 mL 移入干燥的凯氏烧瓶中，同时加入 4 g 硫酸铜-硫酸钾混合试剂及 10 mL 浓硫酸，在通风橱内加热(烧瓶口放一个小漏斗，将烧瓶 45°斜置于电炉上)。

3. 实验步骤

(1) 蒸馏　同酱油中全氮测定。

(2) 滴定　用 0.1 mol/L 盐酸标准滴定溶液滴定收集液至紫红色为终点。记录消耗 0.1 mol/L盐酸标准滴定溶液的体积。

(3) 空白实验　取同量水、同量试剂按同一方法做试剂空白试验。

4. 实验结果计算

按式（2-29）进行计算。

$$X = \frac{(V_1 - V_2) \times c \times 0.014}{m \times V_3/200} \times F \times 100 \tag{2-29}$$

式中　X——样品蛋白质含量(g/100 g)；

V_1——样品滴定消耗盐酸标准溶液体积(mL)；

V_2——空白滴定消耗盐酸标准溶液体积(mL)；

V_3——吸取消化液的体积(mL)；

c——盐酸标准滴定溶液浓度(mol/L)；

0.014——与 1.0 mL 盐酸[c(HCl) = 1.00 mol/L]标准滴定溶液相当的氮的质量(g)；

m——样品的质量(g)；

F——氮换算为蛋白质的系数，一般食物为 6.25；乳制品为 6.38；面粉为 5.70；高粱为 6.24；花生为 5.46；米为 5.95；大豆及其制品为 5.71；肉与肉制品为 6.25；大麦、小米、燕麦、裸麦为 5.83；芝麻、向日葵 5.30。

精密度：以重复性条件下获得的两次独立测定结果的算术平均值表示，蛋白质含量 ≥1 g/100 g时，结果保留三位有效数字；蛋白质含量 <1 g/100 g 时，结果保留两位有效数字。

二、自动凯氏定氮仪法测定酱油中全氮含量

1. 操作原理

食品中的蛋白质在催化及加热条件下被分解，产生的氨与硫酸结合生成硫酸铵。碱化蒸馏使氨游离，用硼酸吸收后以硫酸或盐酸标准滴定溶液滴定，根据酸的消耗量乘以换算系数，即为蛋白质含量。

2. 实验设备

1）全自动凯氏定氮仪(见图 2-17)，包括消化炉、废弃排放装置、蒸馏单元。

2）消化管，适用于凯氏定氮仪。

3）酸式滴定管。

4）分析天平：感量为 0.000 1 g。

5）接收瓶：150 mL 锥形瓶。

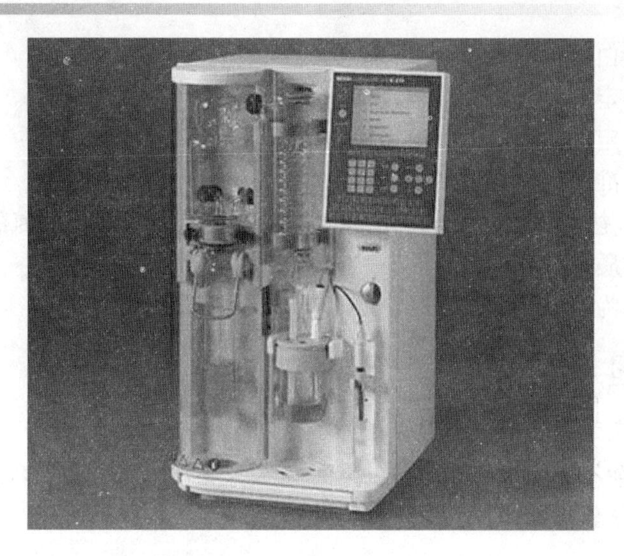

图 2-17　全自动凯氏定氮仪装置

注意：除非另有规定，本方法中所用试剂均为分析纯，水为 GB/T 6682—2000 规定的三级水。

3. 试剂材料

（1）浓硫酸（密度为 1.841 9 g/L）　化学纯，含量 95% ~98%，无氮。

（2）硫酸铜（$CuSO_4 \cdot 5H_2O$）、硫酸钾（K_2SO_4）：分析纯。

（3）氢氧化钠（NaOH）溶液：化学纯，400 g 溶于 1 000 mL 蒸馏水中，配成 40% 水溶液。

（4）硼酸（H_3BO_3）：分析纯，2 g 溶于 100 mL 蒸馏水中，配成 2% 水溶液。

（5）盐酸标准滴定溶液（HCl）：0.05 mol/L，分析纯，4.2 mL 盐酸注入 1 000 mL 蒸馏水中，用碳酸钠法标定盐酸。

（6）甲基红—溴甲酚绿混合指示剂：甲基红溶于乙醇配成 0.1% 乙醇溶液，溴甲酚绿溶于乙醇配成 0.5% 乙醇溶液，两种溶液等体积混合置阴凉处保存。

4. 实验步骤

（1）消化　吸取 2 mL 酱油试样，移入干燥的消化管中，同时称取 6 g 硫酸钾、0.2 g 硫酸铜及 20 mL 浓硫酸，置于消化炉上小心加热，待内容物全部炭化，泡沫完全消失后，并保持管内液体微沸，至液体呈蓝绿色澄清透明后，再继续 0.5 ~1 h。取下放冷待蒸馏用。

（2）蒸馏　把装有消化液的消化管放到蒸馏单元中，在冷凝器取出口的下面放置一个接收瓶，还要把连接管放到接收瓶底端，编辑蒸馏程序。

（3）滴定　用 0.05 mol/L HCl 滴定接收瓶内的溶液，滴定至（暗）灰色为止，记下消耗盐酸的体积。

（4）空白实验　取同量水、同量试剂按同一方法做试剂空白试验。

5. 实验结果

按式（2-30）计算。

$$X = \frac{(V_1 - V_2) \times c \times 0.014}{m} \times F \times 100 \tag{2-30}$$

式中　X——样品蛋白质含量(g/100 g)；

V_1——样品滴定消耗盐酸标准溶液体积(mL)；

V_2——空白滴定消耗盐酸标准溶液体积(mL)；

c——盐酸标准滴定溶液浓度(mol/L)；

0.014——1.0 mL 盐酸[c(HCl) = 1.00 mol/L]标准滴定溶液相当的氮的质量(g)；

m——样品的质量(g)；

F——氮换算为蛋白质的系数。

思考与练习

1. 国家标准规定配制酱油中全氮含量为多少？
2. 样品消化时加入硫酸铜的原因是什么？加入硫酸钾的原因是什么？
3. 实验中可能导致误差的因素有哪些？应该采取哪些措施来防范？

模块三 发酵调味品卫生学检验技术

任务一　食醋中菌落总数的测定

学习目标

1. 知识目标

（1）了解细菌的形态结构及菌落特征。

（2）理解测定食品中菌落总数的卫生学意义。

（3）掌握测定菌落总数的操作程序及测定步骤。

（4）掌握菌落计数及撰写报告的方法。

2. 能力目标

（1）会运用样品的梯度稀释法培养细菌。

（2）会正确报告菌落总数。

3. 情感态度价值观目标

提高对细菌测定重要性的认识。

任务描述

现有一个食醋样品，请按照国家标准(GB 4789.2—2010)规定的方法测定食醋中菌落总数，并给出准确报告。然后通过查询食醋质量标准，判断菌落总数是否符合卫生要求。要求在任务实施过程中严格遵守微生物实验室无菌要求及安全操作规范，实验结束后，报告样品中菌落总数。

任务流程

菌落总数的检测，国内外普遍采用需氧平板计数法(Aerobic Plate Count，APC)，检测需要 48 h 即可报告准确结果。需氧平板计数法采用 36 ℃培养，能检测出一群在牛肉膏蛋白胨琼脂培养基上生长发育及嗜中温的需氧和兼性厌氧的菌落总数。我国食醋卫生标准(GB 2719—2003)规定食醋中菌落总数(cfu/mL)应小于或等于 10 000。本任务根据 GB 4789.2—2010 规定的方法进行培养测定。任务流程如图 3-1 所示。

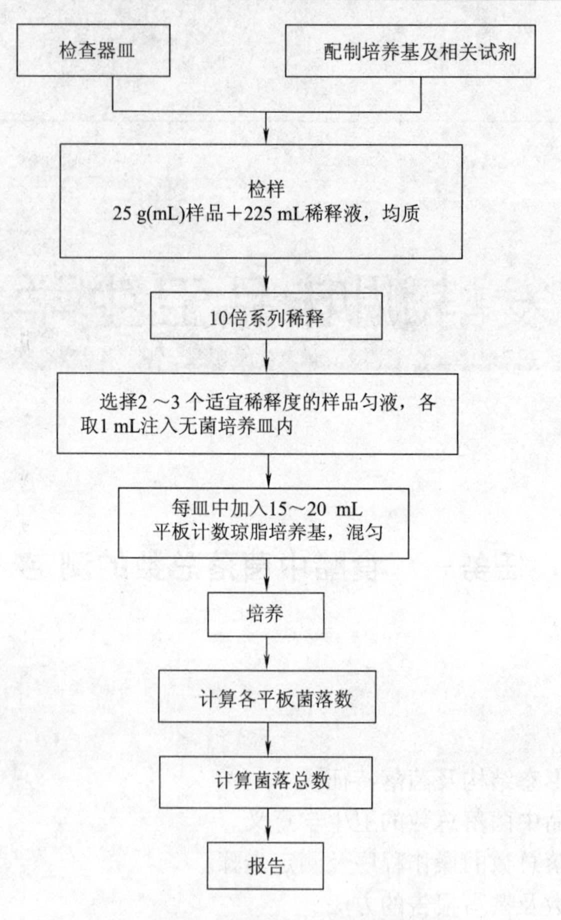

图 3-1　食醋中菌落总数测定流程

知识储备

一、细菌基础知识

1. 细菌的形态构造

细菌是一类细胞细而短(细胞直径约为0.5 μm,长度为0.5 ~5 μm)、结构简单、细胞壁坚韧、多以二分裂方式繁殖的原核生物。细菌的形态十分简单，一般有球状、杆状和螺旋状三大类。在自然界所存在的细菌中，杆菌最为常见，球菌次之，螺旋状的最少。细菌的基本结构包括细胞壁、细胞膜、细胞质和细胞核。有些细菌还有荚膜、鞭毛和芽孢等特殊结构。

2. 细菌菌落特征

细菌个体小，肉眼是看不到的，如果把单个细胞接种到适合的固体培养基上，在适合的温度等条件下便能迅速生长繁殖。由于细胞受到固体培养基表面或深层的限制，不像在液体培养基中那样自由扩散，繁殖的结果是形成一个肉眼可见的细菌细胞群体，我们把这个细菌细胞群体称为菌落(colony)。

不同菌种的菌落特征不同，同一菌种因不同生活条件菌落形态也不相同。但是同一菌种在相同培养条件下所形成的菌落形态是一致的。

菌落特征包括菌落的大小和形态(圆形、丝状、不规则状、假根状)，菌落隆起程度(如扩展、台状、低凸状、乳头状等)，菌落边缘(如边缘整齐、波状、裂叶状、圆锯齿状、有缘毛等)，菌落表面状态(如光滑、褶皱、颗粒状、龟裂、同心圆状等)，表面光泽(如闪光、不闪光、金属光泽等)，质地(如油脂状、膜状、黏、脆等)，颜色与透明度(如透明、半透明、不透明等)，如图3-2所示。。

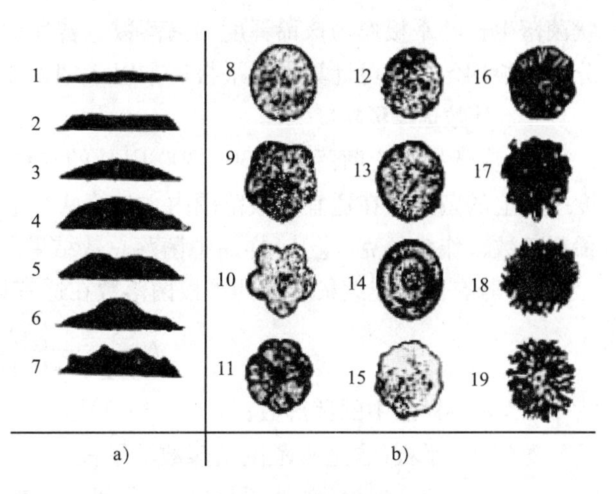

图3-2　细菌菌落特征

a）正面观察　b）表面结构、形态及边缘

1—扁平　2—隆起　3—低凸起　4—高凸起　5—脐状　6—乳头状　7—草帽状　8—圆形，边缘完整　9—不规则，边缘波浪　10—不规则，颗粒状，边缘叶状　11—规则，放射状　12—规则，边缘呈扇边状　13—规则，边缘呈齿状　14—规则，有同心环，边缘完整　15—不规则，似毛毯状　16—规则，似菌丝状　17—不规则，卷发状，边缘波状　18—不规则，丝状　19—不规则，根状

二、测定菌落总数的卫生学意义

菌落总数是指在牛肉膏蛋白胨琼脂培养基上长出的菌落数。一般以1 g食品或1 mL食品所含的细菌数来表示。

菌落总数在食品中有两方面的食品卫生意义，一方面作为食品被污染，即清洁状态的标志；另一方面可以用来预测食品可能存放的期限。食品中细菌总数较多，将加速食品的腐败变质，甚至可引起食用者的不良反应。

三、牛肉膏蛋白胨琼脂培养基测定样品中菌落总数的原因

1）不是所有食品都规定有细菌指标。有些食品中的细菌不是污染菌，而是食品发酵菌，如乳酸发酵食品中的乳酸菌。

2）自然界中细菌的种类很多，各种细菌的生理特性和所要求的生活条件不尽相同。如果检验样品中所有的细菌种类，必须用不同的培养基及其他培养条件(如温度、酸度、通气、培养时间等)去满足要求，才能把各种细菌都检验出来，这样工作量很大。自然界中尽管细菌的种类很多，但是，异养、中温、好氧的细菌占绝大多数，所以在实际工作中只用一种常用的牛肉膏蛋白胨琼脂培养基培样测定样品中的菌落数。严格地说，用这种方法所得到的结果，是一些能在牛肉膏蛋白胨琼脂培上生长、需氧的嗜温(或嗜冷、嗜热)细菌的菌落总数。但是，把它们作为细菌总数已得到公认。不仅在食品的卫生检验中，在一切微生物分析中，都把他们作为细菌总数的指标。

四、测定方法

食品检样经过处理，在一定条件下(如培养基、培养温度和培养时间等)培养，所得每克(毫升)检样中形成的微生物菌落总数。

旧知识回顾

一、选择计数平皿

选取菌落数为30～300 CFU、无蔓延菌落生长的平板计数菌落总数。一个稀释度应采用两个平板内的菌落平均数，其中一个平板有较大片状菌落生长时，则不宜采用，而应以无片

状菌落生长的平板作为该稀释度的菌落数。若片状菌落不到平板的一半，而其余一半中菌落分布又很均匀，即可计算半个平板后乘以 2，以代表全皿菌落数。

二、计数选择稀释度

1）应选择平均菌落数为 30～300 CFU 的稀释度，乘以稀释倍数报告。若只有一个稀释度平板上的菌落数在适宜计数范围内，计算两个平板菌落数的平均值，再将平均值乘以相应稀释倍数，作为每克(毫升)样品中菌落总数结果。

2）若有两个连续稀释度的平板菌落数在适宜计数范围内时，按式（3-1）计算。

$$N=\frac{\sum C}{(n_1+0.1n_2)d} \tag{3-1}$$

式中 N——样品中的菌落数；

$\sum C$——平板(含适宜范围菌落数的平板)菌落数之和；

n_1——第一稀释度(低稀释倍数)的平板个数；

n_2——第二稀释度(高稀释倍数)的平板个数；

d——稀释因子(第一稀释度)。

例如，按表 3-1 中计算。

表 3-1 菌落总数测定记录

稀释度	1:100(第一稀释度)	1:1 000(第二稀释度)
菌落数/CFU	232，244	33，35

$$N=\frac{232+244+33+35}{[2+0.1\times2]\quad\times10^{-2}}=\frac{544}{0.022}=24\ 727$$

上述数据按数字修约后，表示为 25 000 或 2.5×10^4。

3）若所有稀释度的平板上菌落数均大于 300 CFU，则应按稀释倍数最高的平均菌落数乘以稀释倍数报告。

4）若所有稀释度的平板菌落数均小于 30 CFU，则应按稀释倍数最低的平均菌落数乘以稀释倍数报告。

5）若所有稀释度的平板菌落数均不在 30～300 CFU，其中一部分小于 30 CFU 或大于 300 CFU 时，则以最接近 30 CFU 或 300 CFU 的平均菌落数乘以稀释倍数报告。

6）若所有稀释度(包括液体样品原液)平板均无菌落生长，则以小于 1 乘以最低稀释倍数报告。

三、报告菌落数

1）菌落数小于 100 CFU 时，按“四舍五入”原则修约，以整数报告。

2）菌落数大于或等于 100 CFU 时，第三位数字采用“四舍五入”原则修约后，取前两位数字，后面用 0 代替位数；也可用 10 的指数形式来表示，按“四舍五入”原则修约后，采用两位有效数字。

3）若所有平板上均为蔓延菌落而无法计数，则报告菌落蔓延。

4）若空白对照上有菌落生长，则此次检测结果无效。

5）称重取样以“CFU/g”为单位报告，体积取样以“CFU/mL”为单位报告。

任务实施

一、实验准备

1. 仪器设备

1）恒温培养箱：36 ℃ ±1 ℃，30 ℃ ±1 ℃。

2）冰箱：2 ~5 ℃。

3）恒温水浴箱：46 ℃ ±1 ℃。

4）天平：感量为0.1 g。

5）均质器。

6）振荡器。

7）无菌吸管：1 mL(具0.01 mL刻度)、10 mL(具0.1 mL刻度)或微量移液器及吸头。

8）无菌锥形瓶：容量250 mL、500 mL。

9）无菌培养皿：直径90 mm。

10）pH计或pH比色管或精密pH试纸。

11）放大镜或（和）菌落计数器。

12）剪刀。

13）玻璃珠。

14）试管。

15）试管架。

16）酒精灯。

17）灭菌镊子。

18）75%(体积分数)酒精棉球。

2. 试剂材料

1）氢氧化钠溶液：1 mol/L。

2）平板计数琼脂培养基(plate count agar,PCA)：按照表3-2将配方成分加入蒸馏水中，煮沸溶解，调节pH。分装在锥形瓶中，121 ℃高压灭菌15 min。

表3-2　平板计数琼脂培养基配方

序号	成分	质量	备注	序号	成分	质量	备注
1	胰蛋白胨	5.0 g	pH 7.0 ±0.2	4	琼脂	15.0 g	pH 7.0 ±0.2
2	酵母浸膏	2.5 g		5	蒸馏水	1 000 mL	
3	葡萄糖	1.0 g					

3）无菌生理盐水称取8.5 g氯化钠溶于1 000 mL蒸馏水中，121 ℃高压灭菌15 min。

4）20% ~30%碳酸钠溶液：121 ℃高压灭菌。

5）75%(体积分数)乙醇。

二、样品前处理

用点燃的酒精棉球灼烧食醋瓶口灭菌，用石炭酸纱布盖好，再用灭菌开瓶器开启，以无菌吸管吸取食醋 25 mL，置于盛有 225 mL 生理盐水的无菌锥形瓶中（瓶内预置适当数量的无菌玻璃珠），用 20% ~30% 灭菌碳酸钠溶液调 pH 到中性，充分摇匀。此溶液即 1∶10的样品匀液。

三、测定

1. 稀释样品

1）用 1 mL 无菌吸管或微量移液器吸取 1∶10 样品匀液 1 mL，沿管壁缓慢注于盛有 9 mL 灭菌生理盐水试管中（注意吸管或吸头尖端不要触及稀释液面），振摇试管，使其混合均匀，制成 1∶100 的样品稀释液。

2）另取 1 mL 无菌吸管，按照上述操作程序，依次制备 10 倍系列稀释样品匀液。每递增稀释一次，换用一支 1 mL 无菌吸管。

3）根据食醋的卫生标准要求（GB 2719—2003），选择 2 ~3 个适宜稀释度，每个稀释度吸取 1 mL 稀释液置于灭菌培养皿内，一个稀释度接种两个培养皿。

稀释样品操作过程如图 3-3 所示。

严格要求样品中细菌均匀分布，避免检验结果出现大的差异。

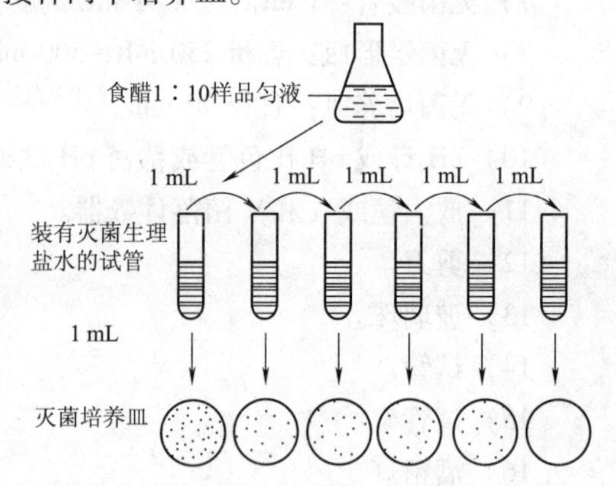

图 3-3　食醋中菌落总数测定样品稀释过程

2. 培养

1）及时将 15 ~20 mL 冷却至 46 ℃的平板计数琼脂培养基（可放置于 46 ℃ ±1 ℃恒温水浴箱中保温）倾入培养皿，并转动培养皿使其混合均匀。同时将平板计数琼脂培养基倾入加有 1 mL 空白稀释液的灭菌培养皿内作空白对照。

2）待琼脂凝固后，将平板翻转（使培养皿底朝上），置于 36 ℃ ±1 ℃培养箱内培养 48 h ±2 h。

四、菌落计数，完成实验报告

将培养 48 h 的培养皿取出计菌落总数，填入表 3-3 中。

表 3-3　食醋中菌落总数测定原始记录

样品名称			检验标准		
36 ℃ ±1 ℃，48 h					
稀释度	接种量/mL	菌落数/CFU	平均数	空白对照	最后结果/（CFU/mL）
原液	1				
	1				
___倍稀释	1				
	1				
___倍稀释	1				
	1				

注：1. 培养皿菌落计数时，可用肉眼观察，必要时用放大镜检查，以防遗漏。

2. 到达规定培养时间应立即计数。如果不能立即计数，应将平板放置于 0 ~4 ℃，但不要超过 24 h。

任务考核

根据表 3-4 进行任务考核。

表 3-4　食醋中菌落总数测定任务考核

考核项目	考核内容	评价依据	评分标准	
			个人评分	教师评分
过程考核	实验前做好相应准备工作	教师观察记录表		
	正确执行实验室无菌操作规范	观察学生实验操作		
	样品稀释操作准确	观察学生操作过程		
	熟练完成菌落培养	观察学生操作过程		
	菌落计数准确	检查实验记录单		
	正确回答课堂提问	回答问题的准确性		
职业素养	微生物安全操作、无菌操作	观察学生操作过程		

知识拓展

食品中微生物的检测是一个至关重要的实验项目，是检验生产工艺是否得当、产品是否合格、措施是否完善的关键所在。现代食品工业生产发展的一个总的宗旨就是快速、准确、简捷，而这也是发展微生物快速检测的重要目的。传统方法即平板计数法对微生物的选择特异性较高，操作复杂，时间较长，成本较高。因此，发展新兴、快速、简捷的实验方法在未来必将成为发展趋势。随着科学技术的不断进步，人们对微生物生长代谢的认识不断加深，一大批新兴的积极有效的实用性较强的检测方法不断出现。

一、物理检测法

物理检测方法的实质是应用现代物理发展的新兴科技成果进行检测。这些新兴的科技成果包括力、热、电、光等各个方面的新兴方法，如超声波测量法、气相色谱法、电容率测量法、近红外光谱透射法、多波长扫描法、电子鼻法等。以上物理方法中，尤以多波长扫描法测定混合菌浓度格外突出。事实上，该方法所根据的原理就是比耳定律，即对于混合物体系，在一定混合物浓度范围内，混合物的吸光度等于各物质吸光度之和。应用多波长扫描测定混合菌的浓度的事例还有快速检测法 DEFT，该方法的实质是利用紫外线显微镜来快速测定微生物的活菌数。首先用一特殊膜过滤样品，然后使其中的活细胞呈现橙色荧光，而死细胞则呈绿色荧光，这样可以根据不同波长下的光色的不同确定活、死细菌数的不同量，从而最终达到快速检测细菌数目的目的。

二、生物检测法

应用生物科学的技术对微生物的数量进行统计的方法，称为生物检测方法。

1. ATP 检测法

这种检测方法不需用培养基，只需将 ATP 检验仪与计算机连接就可以处理数据，即时显示结果。其原理是：所有微生物体中都含有能够传达能量的 ATP，检验 ATP 的大小就可知细菌的数量及其活性。因微生物系统中微生物所含的 ATP 量很少，如果在荧光酶、荧光物质与氧化镁离子等存在的条件下，微生物系统的光量与其中的 ATP 量成正比，因此可以凭此光量的大小来测定食品中微生物数量的多少。

2. 螺旋接种法

这种检验法的检测器是由培养基的杀菌、分装、称量、稀释、定量涂抹聚集、数据处理机等部分构成。操作时，用接种笔涂抹平板培养基表面，将液体样品螺旋般散布一定的面积，控制每一部分的液体量，在接种后放入恒温箱培养，最后用激光计数器计算就可以得到微生物的总量。

3. 酶免疫测定法

这种检验法就是将酶与抗体或抗原连接，通过检测酶的有关性质来检测抗体或抗原，从而最终得到微生物的总量。需要指出的是，该方法既可应用于检测李斯特菌和沙门氏菌的总量，又可以用来检测食品中残留的抗菌性物质的总量。

4. DNA 探针检测法

该方法作为现代分子生物学中的一种检测技术手段用于食品微生物检测，不但克服了传统食品微生物检测方法的不足，而且还具有特异性强、灵敏度高、操作简便、省时等优点。基因探针或 DNA 探针技术检测微生物的依据是核酸杂交，其工作原理是根据两条碱基互补的 DNA 链在适当的条件下按碱基配对的原则，形成 DNA 分子。每个生物体的各种特性都是由其所含的遗传基因决定的，而从理论上讲任何一个决定生物体特性的 DNA 序列都应当是独特的，如果将某一种微生物的特征基因 DNA 加以标定，即可形成 DNA 探针，从而可以根据其放射性的强度大小来考查样品中微生物的个数。

社会在发展，人类在进步，新的诊断工具也不断出现，而这些新的诊断工具相比于常规方法具有 90% ~95% 的精确性。因此，它们在临床诊断和食品微生物学中的实用性将越来越受到重视。我们可以推测，微生物的检测将不断地向高科技智能化的方向发展。现代社会是一个不断融合的社会，科学技术的发展也不例外，各门学科不断融合，由此产生了边缘学科与技术，并且在纵向发展的同时不断向横向连接。可以想象得到，对微生物的检测技术的探寻也必然会沿着这一趋势走下去。大量新兴的方法将不断产生，其中的技术很难分清其类别，而物理、化学、生物的界限也将会更加模糊，但这些方法的一个总的特征是快速、简捷和准确。

思考与练习

1. 样品制备过程需要在什么样的条件下进行？你是如何保证的？
2. 如何保证样品制备的均一性？
3. 细菌菌落特征是怎样的？
4. 怎样理解菌落总数的卫生学意义？
5. 怎样报告菌落总数？

任务二　酱油中大肠菌群的测定

学习目标

1. 知识目标

（1）了解大肠菌群的定义及食品中大肠菌群的测定在食品卫生检验中的意义。

（2）了解测定过程中每一步的基本原理。

（3）掌握食品中大肠菌群的检测程序和方法。

2. 能力目标

（1）能运用灭菌、样品稀释、培养基本操作测定酱油中的大肠菌群。

（2）能根据发酵实验现象准确判断大肠菌群阳性管数。

（3）会通过检索 MPN 表准确报告食品中的大肠菌群。

任务描述

现有一瓶酱油，要求运用国家标准（GB 4789.3—2010）规定的第一法检验大肠菌群，并且通过检索 MPN 表，报告出 1 mL 酱油中大肠菌群的最大可能数。任务实施过程中要求严格遵守微生物实验室无菌要求和操作安全规范，得出正确的大肠菌群最大可能数。

任务流程

酱油中大肠菌群的检验流程如图 3-4 所示。

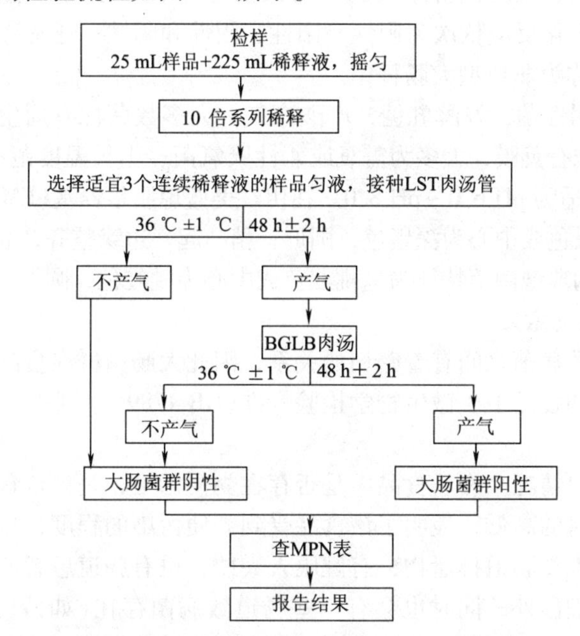

图 3-4　大肠菌群 MPN 计数法的任务流程

知识储备

一、大肠菌群的定义及形态特征

大肠菌群不是细菌学分类命名，是卫生细菌领域的用语，它不代表某一个或某一属细菌，而指的是具有某些特性的一组与粪便污染有关的细菌，这些细菌在生化及血清学方面并非完全一致，其定义为需氧及兼性厌氧、在 37 ℃能分解乳糖、产酸产气的革兰氏阴性无芽孢杆菌。大肠菌群主要是由肠杆菌科中四个菌属内的一些细菌所组成的，即大肠艾希氏菌属（*E. coli*，通常称为大肠杆菌）、枸橼酸杆菌属、克雷伯氏菌属及肠杆菌属，其生化特性分类见表 3-5。这群细菌能在含有胆盐的培养基上生长。

表 3-5 大肠菌群生化特性分类表

	靛基质	甲基红	V-P	枸橼酸盐	H_2S	明胶	动力	44.5 ℃乳糖
大肠艾希氏菌Ⅰ	+	+	-	-	-	-	+/-	+
大肠艾希氏菌Ⅱ	-	+	-	-	-	-	+/-	-
大肠艾希氏菌Ⅲ	+	+	-	-	-	-	+/-	-
费劳地枸橼酸杆菌Ⅰ	-	+	-	+	+/-	-	+/-	-
费劳地枸橼酸杆菌Ⅱ	+	+	-	+	+/-	-	+/-	-
产气克雷伯氏菌Ⅰ	-	-	+	+	-	-	-	-
产气克雷伯氏菌Ⅱ	+	-	+	+	-	-	-	-
阴沟肠杆菌	+	-	+	+	-	-	+/-	-

注：+，表示阳性；-，表示阴性；+/-，表示多数阳性，少数阴性。

由表 3-5 可以看出，大肠菌群中大肠艾希氏菌Ⅰ型和Ⅲ型的特点是，对靛基质、甲基红、V-P 和枸橼酸盐生化反应依次为阳性、阳性、阴性和阴性，通常称为典型大肠杆菌；而其他类大肠杆菌则被称为非典型大肠杆菌。

大肠菌群为革兰阴性菌，发酵乳糖，产酸产气，大多数菌株有周生鞭毛，能运动，有菌毛，无芽孢。某些菌株有荚膜，大多为需氧或兼性厌氧菌。生长温度范围为 10～50 ℃，最适生长温度为 40 ℃，最适为 pH 6.0～pH 8.0。在伊红美蓝琼脂培养基(EMB)培养 24 h 后的典型菌落特征为：呈深紫黑色或中心为深紫色，圆形，稍凸起，边缘整齐，表面光滑，常有金属光泽。在麦康凯琼脂上的典型菌落特征为呈桃红色或中心为桃红色，圆形，扁平，光滑湿润。

二、检验大肠菌群的意义

大肠菌群与肠道致病菌之间有着密切的关系，因此大肠菌群在食品微生物指标体系中占据重要的地位。我国的食品卫生微生物学检验标准(GB 4789)系列中，大肠菌群的测定作为必检项目。

以大肠菌群的检出情况来表示食品中是否存在粪便污染，是评价食品卫生质量的重要依据之一。大肠菌群数目的高低，表明了该食品受到粪便污染的程度，也反映了对人体健康危害性的大小。粪便是人类肠道排泄物，有健康人粪便，也有肠道患者或带菌者的粪便，所以粪便内除有一般正常细菌外，同时也会有一些肠道致病菌存在(如沙门氏菌、志贺氏菌等)，因而食品中有粪便污染，则可以推测该食品中存在着肠道致病菌污染的可能性，潜伏着食物中毒和流行病的威胁，对人体健康具有潜在的危险性。

用大肠菌群作为指示菌的原因：一是大肠菌群在人类粪便中大量存在，因此在被人类粪便所污染的食品中容易测到；二是检验方法比较简便。

三、大肠菌群与食物中毒

大肠菌群分布较广，在温血动物粪便中和自然界广泛存在。调查研究表明，大肠菌群多存在于温血动物粪便、人类经常活动的场所及有粪便污染的地方，人、畜粪便对外界环境的污染是大肠菌群在自然界存在的主要原因。粪便中多以典型大肠杆菌为主，而外界环境中则以大肠菌群其他类别较多。

大肠杆菌是人和动物肠道内的正常寄生菌，一般不致病，但有些菌株可以引起人的食物中毒，是一类条件性致病菌。致病性大肠埃希菌的食物中毒与人体摄入的菌量有关。当一定数量的致病性大肠埃希氏菌进入人体消化道后，可在小肠内继续繁殖并产生肠毒素。肠毒素吸附在小肠上皮细胞膜上，激活上皮细胞内腺分泌，导致肠液分泌增加而超过小肠管的再吸收能力，从而出现腹泻。其症状表现为腹痛、腹泻、呕吐、发热、大便呈水样或呈泔水样，有的伴有脓血样或黏液等。一般轻者可在短时间内治愈，不会危及生命。最为严重的是肠道出血性大肠埃希菌(O157:H7)引起的食物中毒。

致病性大肠埃希菌存在于人和动物的肠道中，随粪便排出而污染水源、土壤。受污染的水、土壤及带菌者的手均可污染食品，或先污染器具再污染食品。健康人肠道致病性大肠埃希菌带菌率为2%~8%，成人肠炎和婴儿腹泻患者的致病性大肠埃希菌带菌率为29%~52%。一般情况下，器具、餐具污染的带菌率高达50%左右，其中致病性大肠埃希菌检出率为0.5%~1.6%。

四、酱油中大肠菌群限量标准

采用多管发酵技术(MTF)检验大肠菌群，是目前普遍采用的一种大肠菌群计数方法，可以得到食品中的大肠菌群的最大可能数(Most Probable Number，MPN)。MTF法简单易行，对检测人员的技术水平要求较低，而且不需要昂贵的检测设备。我国酱油卫生标准(GB 2717—2003)规定大肠菌群应小于或等于30 MPN/100 mL。

旧知识回顾

一、消毒

1. 消毒的定义及分类

消毒是指减少或消灭病原微生物、但不一定能杀死含芽孢的细菌或非病原微生物。按照作用机理可将消毒方法分为化学消毒法、物理消毒法和生物消毒法。微生物实验中运用较多的消毒方法是化学消毒法和物理消毒法。

2. 常用的物理消毒法

(1) 巴氏消毒法 此方法是指利用低于100 ℃的湿热杀灭微生物的消毒方法。巴氏消毒法为61.1~62.8 ℃作用30 min，或71.7 ℃作用15~30 min这样处理后，可将其中的非芽孢病原菌杀死。此方法主要用于在高温下容易被破坏的流质食物及药品，如牛奶、奶瓶、棉织物(如医院的床单、被罩、医生的工作服)、清洁工具、便盆、尿布等物品的消毒均可用巴氏消毒法。在生物医学中，巴氏消毒法可用于血清的消毒和疫苗的制备。

(2) 煮沸消毒法 此方法适用于器材、器皿、衣物及小型日用物品的消毒。

(3) 过滤除菌 此方法是用物理阻留的方法将液体或空气中的细菌除去，以达到无菌目的。所用的器具是含有微小孔径的滤菌器(filter)。主要用于不能耐受高温或用化学药物灭菌的生物制品及空气的除菌。

(4) 紫外线消毒 此方法是利用波长在240~280 nm范围内紫外线破坏细菌病毒中的DNA(脱氧核糖核酸)或RNA(核糖核酸)的分子结构，造成生长性细胞死亡和(或)再生性细胞死亡，达到杀菌消毒的效果。其中在紫外波长为253.7 nm时紫外线的杀菌作用最强。紫外线杀菌作用较强，但对物体的穿透能力不强，普通玻璃、尘埃、水蒸气均能阻拦紫外线。因此，紫外线杀菌只适用于手术室、烧伤病房、传染病房和无菌间的空间消毒及不耐热物品和台面表面消毒。紫外线消毒时，无菌室内应保持清洁干燥，保持无人状态。具体做法：在室温20~25 ℃时，用220 V 30 W紫外灯距被照射物1.0 m垂直照射，确保平均每立方米应不少于

1.5 W。要求作用时间大于30 min，人员在关闭紫外灯后至少30 min方可进入无菌室操作。

3. 臭氧消毒

在封闭的无菌室内无人条件下，采用浓度为20 mg/m^{3}的臭氧喷洒无菌室，消毒时间应超过30 min，消毒后臭氧浓度小于或等于0.2 mg/m^3（按照GB 18202—2000的规定，检测室内臭氧浓度）时人员可进入无菌室操作。

二、灭菌

1. 灭菌的定义

灭菌是指用物理或化学的方法杀死物体表面和内部一切微生物。微生物实验中常使用物理的方法灭菌，如干热灭菌和湿热灭菌。

2. 干热灭菌

通过使用干热空气杀灭微生物的方法叫干热灭菌。一般是把待灭菌的物品包装后，放入干燥箱中加热至约160 ℃，维持2 h。此方法常用于玻璃器皿和金属器皿的灭菌。凡带有橡胶的物品、液体及固体培养基等都不能用干热灭菌法。

3. 湿热灭菌

常用的湿热灭菌法有间歇灭菌法及高压蒸汽灭菌法。

（1）间歇灭菌法

此法是指在100 ℃ 30 min条件下杀死培养基内杂菌的营养体，然后将这种含有芽孢和孢子的培养基在温箱内或室温下放置24 h，使芽孢和孢子萌发成为营养体。这时再以100 ℃处理30 min，再放置24 h。如此连续灭菌三次，达到完全灭菌的目的。间歇灭菌多适用于不宜高温灭菌的物质，如明胶、牛乳等不耐热的物质及含血清的培养基等。

（2）高压蒸汽灭菌法

此法是指用高温加高压灭菌的方法，不仅可杀死一般的细菌，对细菌芽孢也有杀灭效果，是最可靠、应用最普遍的物理灭菌法。这种方法是利用水的沸点随着蒸汽压力的升高而升高的原理。当蒸汽压力达到102.9 kPa（1.05 kg/cm^2）时，水蒸气的温度升高到121～126 ℃，维持20～30 min，可全部杀死锅内物品上的各种微生物和它们的孢子或芽孢。此法适用于耐高温且不怕蒸汽的物品的灭菌，一般培养基和辅料、生理盐水、耐热药品、金属器材、玻璃器皿及传染性标本和工作服等都可应用此法灭菌。

（3）煮沸灭菌

通过延长煮沸时间彻底杀死物品表面和内部细菌的灭菌方法称煮沸灭菌法。适用于部分不耐高温的培养基的灭菌，如嗜盐琼脂培养基、胆盐乳糖培养基等。

任务实施

一、实验准备

1. 仪器设备

1）恒温培养箱：36 ℃±1 ℃。

2）冰箱：2～5 ℃。

3）恒温水浴箱：46 ℃±1 ℃。

4）天平：感量0.1 g。

5）均质器。

6）振荡器。

7）无菌吸管：1 mL(0.01 mL 分度)、10 mL(0.1 mL 分度)或微量移液器及吸头。

8）无菌锥形瓶：容量 500 mL。

9）无菌培养皿：直径 90 mm。

10）pH 计或 pH 比色管或精密 pH 试纸。

2. 试剂材料

(1) 月桂基硫酸盐胰蛋白胨(Lauryl Sulfate Tryptose,LST)肉汤　具体配方见表 3-6。将表 3-6 所列成分溶于蒸馏水中，调节 pH。分装到有玻璃小倒管的试管中，每管 10 mL。121 ℃高压灭菌 15 min。

表 3-6　LST 培养基配方

成分	需用量	备注	成分	需用量	备注
胰蛋白胨或胰酪胨	20.0 g	pH 6.8 ±0.2	磷酸二氢钾(KH_2PO_4)	2.75 g	pH 6.8 ±0.2
氯化钠	5.0 g		月桂基硫酸钠	0.1 g	
乳糖	5.0 g		蒸馏水	1 000 mL	
磷酸氢二钾(K_2HPO_4)	2.75 g				

(2) 牛胆粉（oxgall 或 oxbile）溶液　将 20.0 g 脱水牛胆粉溶于 200 mL 蒸馏水中，调节 pH 7.0 ~ pH 7.5。

(3) 煌绿乳糖胆盐(Brilliant Green Lactose Bile,BGLB)肉汤　具体配方见表 3-7。

表 3-7　BGLB 培养基配方

成分	需用量	备注	成分	需用量	备注
蛋白胨	10.0 g	pH 7.2 ±0.1	0.1% 煌绿水溶液	13.3 mL	pH 7.2 ±0.1
乳糖	10.0 g		蒸馏水	800 mL	
牛胆粉溶液	200 mL				

将蛋白胨、乳糖溶于约 500 mL 蒸馏水中，加入牛胆粉溶液 200 mL，用蒸馏水稀释到 975 mL，调节 pH，再加入 0.1% 煌绿水溶液 13.3 mL，用蒸馏水补足到 1 000 mL，用棉花过滤后，分装到有玻璃小倒管的试管中，每管 10 mL。121 ℃高压灭菌 15 min。

(4) 无菌生理盐水　称取 8.5 g 氯化钠溶于 1 000 mL 蒸馏水中，121 ℃高压灭菌 15 min。

(5) 无菌 1 mol/L NaOH　称取 40 g 氢氧化钠溶于 1 000 mL 蒸馏水中，121 ℃高压灭菌 15 min。

(6) 无菌 1 mol/L HCl　移取浓盐酸 90 mL，用蒸馏水稀释至 1 000 mL，121 ℃高压灭菌 15 min。

二、样品的稀释

1）用无菌吸管吸取 25 mL 样品置盛有 225 mL 生理盐水的无菌锥形瓶(瓶内预置适当数量的无菌玻璃珠)中，充分混匀，制成 1∶10 的样品匀液。

2）用 1 mL 无菌吸管或微量移液器吸取 1∶10 样品匀液 1 mL，沿管壁缓缓注入 9 mL 生理盐水的无菌试管中，振摇试管使其混合均匀，制成 1∶100 的样品匀液。

3）另取 1 mL 无菌吸管，按上述操作，依次制成 10 倍递增系列稀释样品匀液。每递增稀释 1 次，换用一支 1 mL 无菌吸管或吸头。

4）注意事项：

①样品匀液的pH应为6.5～7.5，必要时分别用1 mol/L NaOH或1 mol/L HCl调节。

②吸管或吸头尖端不要触及稀释液面。

三、初发酵试验

每个样品，选择3个适宜的连续稀释度的样品匀液（液体样品可以选择原液），每个稀释度接种3管月桂基硫酸盐胰蛋白胨（LST）肉汤，每管接种1 mL（若接种量超过1 mL，则用双料LST肉汤），36 ℃ ±1 ℃培养24 h±2 h，观察倒管内是否有气泡产生。24 h±2 h产气者进行复发酵试验，如未产气则继续培养至48 h±2 h；如有产气者，则进行复发酵试验。实验现象如图3-5所示。

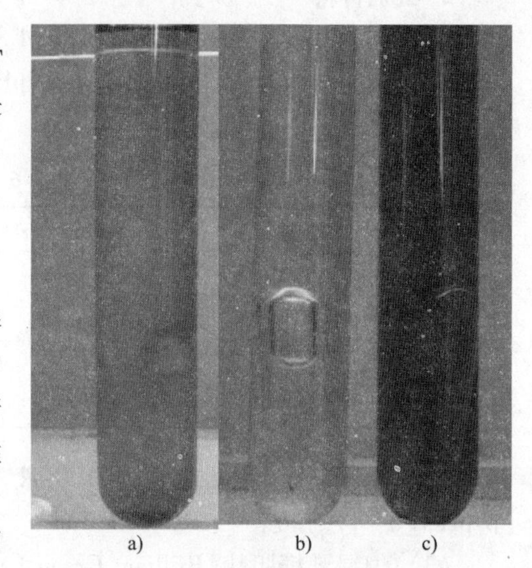

图3-5　大肠菌群MPN计数法发酵实验现象比较

a）阳性肠肝菌一　b）阳性肠肝菌二　c）空白对照

四、复发酵试验

用接种环从产气的LST肉汤管中分别取培养物1环，移种于煌绿乳糖胆盐肉汤（BGLB）管中（见图3-6），36 ℃ ±1 ℃培养48 h±2 h，观察产气情况（见图3-7）。产气者，计为大肠菌群阳性管，不产气者计为大肠菌群阴性管。

根据酱油卫生标准的要求或对样品污染状况的估计，选择3个稀释度，每个稀释度接种3管。

从制备样品匀液至样品接种完毕，全过程一般不超过15 min。

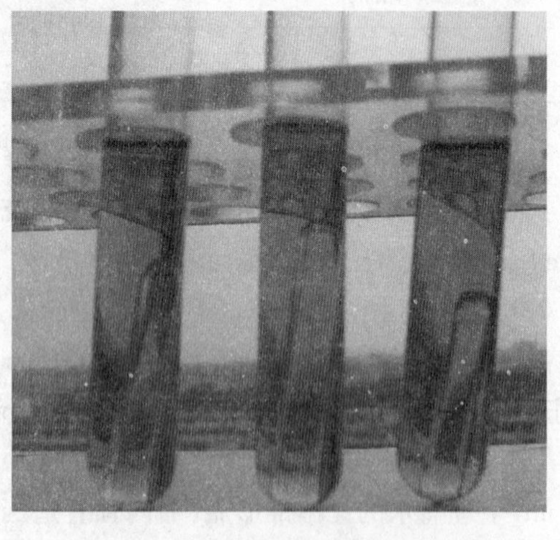

图3-6　从产气的LST肉汤管中取培养物1环接种于BGLB管中初始现象

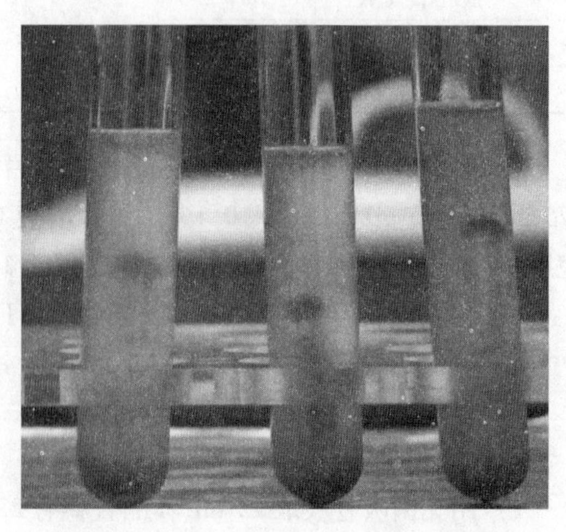

图3-7　从产气的LST肉汤管中取培养物1环接种于BGLB管中培养结束现象

五、大肠菌群最可能数（MPN）的报告

按实验结果确证的大肠菌群LST阳性管数，检索MPN表（见表3-8），报告每克（毫升）样品中大肠菌群的MPN值。

表 3-8 大肠菌群最可能数(MPN)检索表

阳性管数			MPN	95%可信限		阳性管数			MPN	95%可信限	
0.10	0.01	0.001		下限	上限	0.10	0.01	0.001		下限	上限
0	0	0	<3.0	–	9.5	2	2	0	21	4.5	42
0	0	1	3.0	0.15	9.6	2	2	1	28	8.7	94
0	1	0	3.0	0.15	11	2	2	2	35	8.7	94
0	1	1	6.1	1.2	18	2	3	0	29	8.7	94
0	2	0	6.2	1.2	18	2	3	1	36	8.7	94
0	3	0	9.4	3.6	38	3	0	0	23	4.6	94
1	0	0	3.6	0.17	18	3	0	1	38	8.7	110
1	0	1	7.2	1.3	18	3	0	2	64	17	180
1	0	2	11	3.6	38	3	1	0	43	9	180
1	1	0	7.4	1.3	20	3	1	1	75	17	200
1	1	1	11	3.6	38	3	1	2	120	37	420
1	2	0	11	3.6	42	3	1	3	160	40	420
1	2	1	15	4.5	42	3	2	0	93	18	420
1	3	0	16	4.5	42	3	2	1	150	37	420
2	0	0	9.2	1.4	38	3	2	2	210	40	430
2	0	1	14	3.6	42	3	2	3	290	90	1 000
2	0	2	20	4.5	42	3	3	0	240	42	1 000
2	1	0	15	3.7	42	3	3	1	460	90	2 000
2	1	1	20	4.5	42	3	3	2	1 100	180	4 100
2	1	2	27	8.7	94	3	3	3	>1 100	420	—

注：1. 本表采用3个稀释度［0.1 g(mL)、0.01 g(mL)和0.001 g(mL)］，每个稀释度接种3管。

2. 表内所列检样量如改用1 g(mL)、0.1 g(mL)和0.01 g(mL)时，表内数字相应降低10倍；如改用0.01 g(mL)、0.001 g(mL)、0.000 1 g(mL)时，则表内数字应相应增高10倍，其余类推。

任务考核

根据表3-9进行任务考核。

表 3-9 酱油中大肠菌群测定任务考核

考核项目	考核内容	评价依据	评分标准	
			个人评分	教师评分
过程考核	实验前做好相应准备工作	教师观察记录表		
	正确执行实验室无菌操作规范	观察学生实验操作		
	完成大肠菌群初发酵过程	观察学生实验过程		
	完成复发酵过程	观察实验过程		
	如实填写实验结果且实验结果准确	检查工作记录单		
	正确回答课堂提问	回答问题的准确性		
职业素养	微生物实验室安全操作	观察学生操作过程		

知识拓展

一、酶底物法检验大肠菌群

酶底物法(Enzyme Substrate Technique)采用大肠菌群细菌能产生β-半乳糖苷酶分解邻硝基苯β-D-半乳吡喃糖苷(ONPG)而使培养液呈黄色，以及大肠埃希氏菌产生β-葡萄糖醛酸酶分解4-甲基伞形酮葡糖苷酸(MUG)，培养液在波长366 nm紫外光下产生荧光的原理，来判断检样中是否含有大肠菌群。酶底物法用于定量检测时同样采用最大可能数的技术和方法。

酶底物法的优点是比传统方法省时省力，操作简便，检测敏感，特异性高。然而，此法需要使用β-葡萄糖苷酶、β-D-半乳糖苷酶、显色底物和荧光底物，若大规模应用，则成本过高。此外，使用该法的检测时间为18～24 h，很难满足现场监测的要求。

二、试剂盒法

试剂盒法的原理是将液体乳糖培养基经固化加工后，置于特制透明塑料盒中，两者合二为一，组成试剂盒。试剂盒一般分为组合式和分体式两种。组合式一般针对某一类样品，形式固定。分体式检测样品多样化，形式灵活，自由组合。试剂盒选用高透明度、无毒无味的硬质塑料为载体，取代了传统的玻璃试管；试剂盒底部中央设有气体观察装置，供气体储存和观察；调整了培养基成分并改进了培养基的剂型。此法从操作到结果判定比一般方法可节省4～6 h。试剂盒法是试管发酵法的改良，免去了基层单位配制培养基的过程，便于进行质量控制，进一步简化了对设备和人员的要求，成本也相对较低，方便基层实验室使用。

三、纸片法

大肠菌群快速检验纸片法的原理是，大肠菌群生长发育时分解乳糖产酸，同时产生脱氢酶脱氢，氢与无色氯化三苯四氮唑（TTC）作用形成红色化合物使菌落变红。将一定量的乳糖、指示剂溴甲酚紫、蛋白胨等吸附在特定面积的无菌滤纸上，该滤纸对大肠菌群生长具有较强的特异性，能抑制其他细菌的繁殖。大肠菌群通过上述两种指示剂显示出发酵乳糖产酸、纸片变黄和形成红色斑点的固有特性，以此特性作为阳性结果的判定标准。

纸片法检验大肠菌群操作容易，节省成本，结果准确，实验所需时间为16～18 h，工作效率高，是诸多微生物快速检验方法中比较成熟的一种，已被广大卫生检验者所接受。目前已广泛应用于食品、餐饮业、卫生、环保、水质检验等方面。

四、聚合酶链反应(PCR)法

采用PCR技术可在几小时内获得扩增几百万倍的目的DNA，这样大量的PCR产物很易于被检测和鉴定。PCR法能够成指数地扩增DNA数量，即使只有几个细胞存在，也可以检测出，因此相比采用该方法检验细菌总数，其更适合用于检验限量较低的大肠菌群。

对于大肠菌群数的检验，最常用的PCR法是与膜过滤技术(MF法)结合在一起的，首先将膜上截留的细菌用化学方法裂解，释放出DNA，利用PCR技术扩增编码LacZ基因(β-半乳糖苷酶基因)和UidA基因(β-D-半乳糖苷酶基因)的DNA片段，然后检验大肠菌群总数。

思考与练习

1. 大肠菌群的生物学特征是怎样的？

2. 如何理解大肠菌群的组成？

3. 测定食品中的大肠菌群有什么意义？

4. 在大肠菌群的检验中，要注意哪些事项？

5. 怎样预防由大肠菌群引起的食物中毒？

任务三　腐乳中致病菌的检验

子任务一　腐乳中志贺氏菌的定性检验

学习目标

1. 知识目标

（1）了解志贺氏菌的生物学特性。

（2）掌握志贺氏菌的检验原理和方法。

2. 能力目标

（1）能够按要求完成各项实验步骤，得出满意结果。

（2）熟练掌握厌氧培养的操作方法。

3. 情感态度价值观目标

（1）了解志贺氏菌对人体健康的危害性。

（2）了解志贺氏菌食物中毒的典型反应，更好地预防志贺氏菌食物中毒事件的发生。

任务描述

给定一腐乳样品(可为加标样品)，通过无菌取样、增菌和分离培养、鉴定等步骤检验其中是否含有志贺氏菌(参照 GB 4789.5—2012)。详细记录实验过程，并完成相应的实验报告。

任务流程

志贺氏菌检验流程如图 3-8 所示。

知识储备

一、志贺氏菌的生物学特性

1. 形态与染色

志贺氏菌属细菌的形态与一般肠道杆菌无明显区别，为革兰氏阴性杆菌，长为 2～3 μm，宽为 0.5～0.7 μm，不形成芽孢，无荚膜，无鞭毛，无动力。

2. 培养特性

需氧或兼性厌氧，营养要求不高，能在普通培养基上生长，10～40 ℃均能生长，最适温度为 37 ℃，最适 pH 7.4±0.2。在液体培养基中均匀浑浊生长，一般不形成沉淀。营养琼脂上 37 ℃培养 18～24 h 后菌落呈圆形、微凸、光滑湿润、无色半透明、边缘整齐，直径约 2 mm(宋内氏菌菌落一般较大，较不透明)。

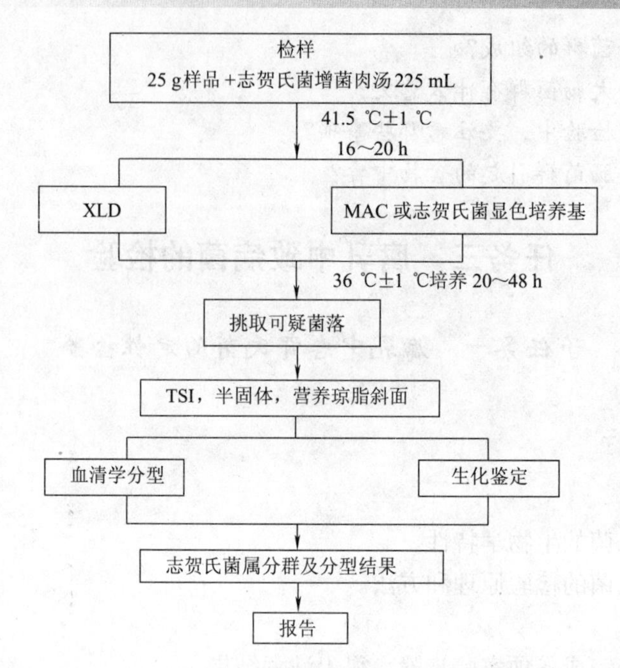

图3-8　志贺氏菌检验流程图

3. 生化特性

志贺氏菌属均能利用葡萄糖产酸，但不产气（福氏志贺氏菌6型可产生少量气体）。除宋内氏痢疾菌可以缓慢分解乳糖外，其他型痢疾杆菌均不分解乳糖。志贺氏菌属细菌不产生硫化氢，不分解尿素，甲基红试验阳性，VP试验阴性。与肠杆菌科各属细菌相比较，本菌属主要鉴别特征是不运动，对各种糖的利用性较差，在含糖的培养基中一般不产生气体。

二、志贺氏菌的致病性

在临床上能够引起痢疾症状的病原微生物中，以志贺氏菌最为常见，所以志贺氏菌属的细菌又统称为痢疾杆菌。人是志贺氏菌的唯一宿主，因此人对志贺氏菌的易感性非常高，一般10～100个菌就可致病，其致病特点是能侵袭结肠黏膜上皮细胞，并通过生长繁殖，释放毒素，引起化脓性感染病灶，产生炎症反应，也可引起固有层小血管的循环障碍，使上皮细胞变性坏死，形成溃疡，产生腹痛腹泻，出现黏液便和脓血便等，偶尔可引起败血症。此外，婴幼儿如被志贺氏菌感染，可引起急性中毒性痢疾，死亡率较高。

三、志贺氏菌的不同种群

志贺氏菌属于肠杆菌科志贺氏菌属，根据生化特性的不同可分为四个群：A群——痢疾志贺氏菌，B群——福氏志贺氏菌，C群——鲍氏志贺氏菌，D群——宋内氏志贺氏菌。

四、厌氧培养

志贺氏菌为兼性厌氧菌，所以在增菌时可采用厌氧培养方式，目的是在此步骤抑制绝对需氧菌。目前主流的三种厌氧培养装置为厌氧工作站、厌氧罐及厌氧盒，后两种均需要在培养过程中使用厌氧产气袋。厌氧产气袋的工作原理是将密闭空间中的氧气完全或者部分吸收掉，然后产生二氧化碳，从而形成无氧环境。在培养前，要注意尽量赶走匀质袋中的空气，使之更好地形成无氧状态；不要将匀质袋口折叠，这样不利于产气袋消耗袋内残余的氧气；产气袋打开后要快速放入厌氧培养装置中，放置时要与匀质袋间保持距离，因为产气袋在培养过程中会大量放热，如果与某一匀质袋接触，散发的热会影响该样品的增菌效果，也就无法保证所有样品都在同一条件下得到增菌培养。

任务实施

一、实验准备

1. 设备和材料

除微生物实验室常规灭菌及培养设备外，其他设备和材料如下。

1）恒温培养箱：36 ℃ ±1 ℃。

2）冰箱：2 ~5 ℃。

3）膜过滤系统。

4）厌氧培养装置：41.5 ℃ ±1 ℃。

5）电子天平：感量 0.1 g。

6）显微镜。

7）均质器。

8）振荡器。

9）无菌吸管：1 mL（具 0.01 mL 刻度）、10 mL（具 0.1 mL 刻度）或微量移液器及吸头。

10）无菌均质杯或无菌均质袋：容量 500 mL。

11）无菌培养皿：直径 90 mm。

12）pH 计或 pH 比色管或精密 pH 试纸。

13）全自动微生物生化鉴定系统。

2. 试剂材料

（1）志贺氏菌增菌肉汤-新生霉素

1）增菌肉汤：配方见表 3-10。

表 3-10　志贺氏菌增菌肉汤配方

成分	需用量	成分	需用量
胰蛋白胨	20.0 g	氯化钠	5.0 g
葡萄糖	1.0 g	蒸馏水	1 000 mL
磷酸氢二钾（K_2HPO_4）	2.0 g	吐温 80（Tween 80）	1.5 mL
磷酸二氢钾（KH_2PO_4）	2.0 g		

将以上成分混合加热溶解，冷却至 25 ℃左右校正至 pH 7.0 ±0.2，分装适当的容器，121 ℃灭菌 15 min，取出后冷却至 50 ~55 ℃，加入除菌过滤的新生霉素溶液（0.5 μg/mL），分装 225 mL 备用。

注：如不立即使用，在 2 ~8 ℃条件下可储存一个月。

2）新生霉素溶液：配方见表3-11。

表3-11　新生霉素溶液配方

成　分	需用量	成　分	需用量
新生霉素	25.0 mg	蒸馏水	1 000 mL

将新生霉素溶解于蒸馏水中，用0.22 μm过滤膜除菌，如不立即使用，在2~8 ℃条件下可储存一个月。

临用时每225 mL志贺氏菌增菌肉汤加入5 mL新生霉素溶液，混匀。

（2）麦康凯(MAC)琼脂　配方见表3-12。

表3-12　麦康凯琼脂配方

成分	需用量	成分	需用量
蛋白胨	20.0 g	氯化钠	5.0 g
乳糖	10.0 g	蒸馏水	1 000 mL
3号胆盐	1.5 g	结晶紫	0.001 g
中性红	0.03 g	琼脂	15.0 g

将以上成分混合加热溶解，冷却至25 ℃左右校正至pH 7.2±0.2，分装，121 ℃高压灭菌15 min，冷却至45~50 ℃，倾注平板。

注：如不立即使用，在2~8 ℃条件下可储存两周。

（3）木糖赖氨酸脱氧胆盐(XLD)琼脂　配方见表3-13。

表3-13　木糖赖氨酸脱氧胆盐（XLD）琼脂配方

成分	需用量	成分	需用量
酵母膏	3.0 g	氯化钠	5.0 g
L-赖氨酸	5.0 g	硫代硫酸钠	6.8 g
木糖	3.75 g	柠檬酸铁铵	0.8 g
乳糖	7.5 g	酚红	0.08 g
蔗糖	7.5 g	琼脂	15.0 g
脱氧胆酸钠	1.0 g	蒸馏水	1 000 mL

除酚红和琼脂外，将其他成分加入400 mL蒸馏水中，煮沸溶解，校正至pH 7.4±0.2。另将琼脂加入600 mL蒸馏水中，煮沸溶解。将上述两种溶液混合均匀后，再加入指示剂，待冷至50~55 ℃倾注平皿。

注：本培养基不需要高压灭菌，在制备过程中不宜过分加热，避免降低其选择性，储存于室温及暗处。本培养基宜于当天制备，第二天使用。使用前必须去除平板表面上的水珠，在37~55 ℃温度下，琼脂面向下，平板盖亦向下烘干。另外，如配制好的培养基不立即使用，在2~8 ℃条件下可储存两周。

（4）三糖铁(TSI)琼脂　配方见表3-14。

表3-14　三糖铁琼脂配方

成　　分	需用量	成　　分	需用量
蛋白胨	20.0 g	氯化钠	5.0 g
牛肉浸膏	5.0 g	硫代硫酸钠	0.2 g
乳糖	10.0 g	酚红	0.025 g
蔗糖	10.0 g	琼脂	12.0 g
葡萄糖	1.0 g	蒸馏水	1 000 mL
硫酸亚铁铵 $(NH_4)_2Fe(SO_4)_2 \cdot 6H_2O$	0.2 g		

除酚红和琼脂外，将其他成分加于400 mL蒸馏水中，搅拌均匀，静置约10 min，加热使其完全溶解，冷却至25 ℃左右校正至pH 7.4 ±0.2。另将琼脂加于600 mL蒸馏水中，静置约10 min，加热使完全溶解。将两溶液混合均匀，加入5%酚红水溶液5 mL，混匀，分装小号试管，每管约3 mL。于121 ℃灭菌15 min，制成高层斜面。冷却后呈橘红色。如不立即使用，在2～8 ℃条件下可储存一个月。

（5）营养琼脂斜面　配方见表3-15。

表3-15　营养琼脂斜面配方

成　　分	需用量	成　　分	需用量
蛋白胨	10.0 g	琼脂	15.0 g
牛肉膏	3.0 g	蒸馏水	1 000 mL
氯化钠	5.0 g		

将除琼脂以外的各成分溶解于蒸馏水内，加入15%氢氧化钠溶液约2 mL，冷却至25 ℃左右校正至pH 7.0 ±0.2。加入琼脂，加热煮沸，使琼脂溶解。分装小号试管，每管约3 mL。于121 ℃灭菌15 min，制成斜面。

注：如不立即使用，在2～8 ℃条件下可储存两周。

（6）半固体琼脂　配方见表3-16。

表3-16　半固体琼脂配方

成　　分	需用量	成　　分	需用量
蛋白胨	1.0 g	琼脂	0.3～0.7 g
牛肉膏	0.3 g	蒸馏水	100 mL
氯化钠	0.5 g		

按以上成分配好，加热溶解，并校正至pH 7.4 ±0.2，分装小试管，121 ℃灭菌15 min，直立凝固备用。

（7）葡萄糖铵培养基　配方见表3-17。

表3-17　葡萄糖铵培养基配方

成　分	需用量	成　分	需用量
氯化钠	0.5 g	葡萄糖	2.0 g
硫酸镁（$MgSO_4 \cdot 7H_2O$）	0.2 g	琼脂	20.0 g
磷酸二氢铵	1.0 g	0.2%溴麝香草酚蓝水溶液	40.0 mL
磷酸氢二钾	1.0 g	蒸馏水	1 000 mL

先将盐类和糖溶解于水中，校正至pH 6.8±0.2，再加琼脂加热溶解，然后加入指示剂。混合均匀后分装试管，121 ℃高压灭菌15 min。制成斜面备用。

试验方法：用接种针轻轻触及培养物的表面，在盐水管内做成极稀的悬液，肉眼观察不到浑浊，以每一接种环内含菌数在20~100为宜。将接种环灭菌后挑取菌液接种，同时再以同样方法接种普通斜面一支作为对照。于36 ℃±1 ℃培养24 h。阳性者，葡萄糖铵斜面上有正常大小的菌落生长；阴性者，不生长，但在对照培养基上生长良好。如在葡萄糖铵斜面生长极微小的菌落可视为阴性结果。

注：容器使用前应用清洁液浸泡，再用清水、蒸馏水冲洗干净，并用新棉花做成棉塞，干热灭菌后使用。如果操作时不注意，有杂质污染时，易造成假阳性的结果。

（8）尿素琼脂　配方见表3-18。

表3-18　尿素琼脂配方

成　分	需用量	成　分	需用量
蛋白胨	1.0 g	0.4%酚红溶液	3.0 mL
氯化钠	5.0 g	琼脂	20.0 g
葡萄糖	1.0 g	20%尿素溶液	100 mL
磷酸二氢钾	2.0 g	蒸馏水	900 mL

除酚红和尿素外的其他成分加热溶解，冷却至25 ℃左右校正至pH 7.2±0.2，加入酚红指示剂，混匀，于121 ℃灭菌15 min。冷却至约55 ℃，加入用0.22 μm过滤膜除菌后的20%尿素水溶液100 mL，混匀，以无菌操作分装灭菌试管，每管3~4 mL，制成斜面后放冰箱备用。

试验方法：挑取琼脂培养物接种，在36 ℃±1 ℃培养24 h，观察结果。尿素酶阳性者由于产碱而使培养基变为红色。

（9）β-半乳糖苷酶培养基

1）液体法（ONPG法）：配方见表3-19。

表3-19　β-半乳糖苷酶培养基（液体法）配方

成分	需用量
邻硝基苯β-D-半乳糖苷（ONPG）	60.0 mg
0.01 mol/L磷酸钠缓冲液（pH 7.5±0.2）	10.0 mL
1%蛋白胨水（pH 7.5±0.2）	30.0 mL

将ONPG溶于缓冲液内，加入蛋白胨水，以过滤法除菌，分装于10 mm×75 mm的试管内，每管0.5 mL，用橡皮塞塞紧。

试验方法：自琼脂斜面挑取培养物一满环接种，于36 ℃±1 ℃培养1~3 h和24 h观察结果。如果β-D-半乳糖苷酶产生，则于1~3 h变黄色，如无此酶，则24 h不变色。

2）平板法(X-Gal法)：配方见表3-20。

表3-20　β-半乳糖苷酶培养基（平板法）配方

成　分	需用量
蛋白胨	20.0 g
氯化钠	3.0 g
5-溴-4-氯-3-吲哚-β-D-半乳糖苷（X-Gal）	200.0 mg
琼脂	15.0 g
蒸馏水	1 000 mL

将各成分加热煮沸于1 000 mL水中，冷却至25 ℃左右校正至pH 7.2±0.2，115 ℃高压灭菌10 min。倾注平板，避光冷藏备用。

试验方法：挑取琼脂斜面培养物接种于平板，划线和点种均可，于36 ℃±1 ℃培养18~24 h观察结果。如果β-D-半乳糖苷酶产生，则平板上培养物颜色变蓝；如无此酶，则培养物为无色或不透明，培养48~72 h后有部分转为淡粉红色。

（10）氨基酸脱羧酶试验培养基　配方见表3-21。

表3-21　氨基酸脱羧酶试验培养基配方

成　分	需用量
蛋白胨	5.0 g
酵母浸膏	3.0 g
葡萄糖	1.0 g
1.6%溴甲酚紫—乙醇溶液	1.0 mL
L型或DL型赖氨酸和鸟氨酸	0.5 g/100 mL或1.0 g/100 mL
蒸馏水	1 000 mL

除氨基酸以外的其他成分加热溶解后，分装每瓶100 mL，分别加入赖氨酸和鸟氨酸。L-氨基酸按0.5%加入，DL-氨基酸按1%加入，再校正至pH 6.8±0.2。对照培养基不加氨基酸。分装于灭菌的小试管内，每管0.5 mL，上面滴加一层石蜡，115 ℃高压灭菌10 min。

试验方法：从琼脂斜面上挑取培养物接种，于36 ℃±1 ℃培养18~24 h，观察结果。氨基酸脱羧酶阳性者由于产碱，培养基应呈紫色；阴性者无碱性产物，但因葡萄糖产酸而使培养基变为黄色。阴性对照管应为黄色，空白对照管为紫色。

(11) 糖发酵管　配方见表3-22。

表3-22　糖发酵管配方

成　分	需用量	成　分	需用量
牛肉膏	5.0 g	磷酸氢二钠（$Na_2HPO_4 \cdot 12H_2O$）	2.0 g
蛋白胨	10.0 g	0.2%溴麝香草酚蓝溶液	12.0 mL
氯化钠	3.0 g	蒸馏水	1 000 mL

制法：葡萄糖发酵管按上述成分配好后，按0.5%加入葡萄糖，25 ℃左右校正至pH 7.4±0.2，分装于有一个倒置小管的小试管内，121 ℃高压灭菌15min。其他各种糖发酵管可按上述成分配好后，分装每瓶100 mL，121 ℃高压灭菌15 min。另将各种糖类分别配好10%溶液，同时高压灭菌。将5 mL糖溶液加入100 mL培养基内，以无菌操作分装小试管。

注意：若蔗糖不纯，则加热后会自行水解者，此时应采用过滤法除菌。

试验方法：从琼脂斜面上挑取小量培养物接种，于36 ℃±1 ℃培养，一般观察2~3天。迟缓反应需观察14~30天。

(12) 西蒙氏柠檬酸盐培养基　配方见表3-23。

表3-23　西蒙氏柠檬酸盐培养基配方

成　分	需用量	成　分	需用量
氯化钠	5.0 g	柠檬酸钠	5.0 g
硫酸镁（$MgSO_4 \cdot 7H_2O$）	0.2 g	琼脂	20 g
磷酸二氢铵	1.0 g	0.2%溴麝香草酚蓝溶液	40.0 mL
磷酸氢二钾	1.0 g	蒸馏水	1 000 mL

先将盐类溶解于水中，调至pH 6.8±0.2，加入琼脂，加热溶解。然后加入指示剂，混合均匀后分装试管，121 ℃灭菌15 min。制成斜面备用。

试验方法：挑取少量琼脂培养物接种，于36 ℃±1 ℃培养4天，每天观察结果。阳性者斜面上有菌落生长，培养基从绿色变为蓝色。

(13) 黏液酸盐培养基

1）测试肉汤：配方见表3-24。

表3-24　测试肉汤配方

成　分	需用量	成　分	需用量
酪蛋白胨	10.0 g	黏液酸	10.0 g
溴麝香草酚蓝溶液	0.024 g	蒸馏水	1 000 mL
蒸馏水	1 000 mL		

慢慢加入5N氢氧化钠以溶解黏液酸，混匀。其余成分加热溶解，加入上述黏液酸，冷却至25 ℃左右校正至pH 7.4±0.2，分装试管，每管约5 mL，于121 ℃高压灭菌10 min。

2）质控肉汤：配方见表3-25。

表3-25　质控肉汤配方

成　分	需用量	成　分	需用量
酪蛋白胨	10.0 g	蒸馏水	1 000 mL
溴麝香草酚蓝溶液	0.024 g		

所有成分加热溶解，冷却至25 ℃左右校正至pH 7.4 ±0.2，分装试管，每管约5 mL，于121 ℃高压灭菌10 min。

试验方法：将待测新鲜培养物接种于测试肉汤和质控肉汤中，于36 ℃ ±1 ℃培养48 h观察结果，肉汤颜色（蓝色）不变为阴性结果，变为黄色或稻草黄色为阳性结果。

（14）蛋白胨水、靛基质试剂

1）蛋白胨水：配方见表3-26。

表3-26　蛋白胨水配方

成　分	需用量	备注
蛋白胨（或胰蛋白胨）	20.0 g	pH 7.4
氯化钠	5.0 g	
蒸馏水	1 000 mL	

按上述成分配制，分装小试管，121 ℃高压灭菌15 min。

注意：此试剂在2～8 ℃条件下可储存一个月。

2）靛基质试剂：

柯凡克试剂：将5 g对二甲氨基苯甲醛溶解于75 mL戊醇中，然后缓慢加入浓盐酸25 mL。

欧-波试剂：将1 g对二甲氨基苯甲醛溶解于95 mL 95%乙醇内，然后缓慢加入浓盐酸20 mL。

试验方法：挑取少量培养物接种，在36 ℃ ±1 ℃培养1～2天，必要时可培养4～5天。加入柯凡克试剂约0.5 mL，轻摇试管，阳性者于试剂层呈深红色；或加入欧－波试剂约0.5 mL，沿管壁流下，覆盖于培养液表面，阳性者于液面接触处呈玫瑰红色。

注意：蛋白胨中应含有丰富的色氨酸。每批蛋白胨买来后应先用已知菌种鉴定方可使用，此试剂在2～8 ℃条件下可储存一个月。

（15）志贺氏菌显色培养基

（16）志贺氏菌属诊断血清

（17）生化鉴定试剂盒

二、样品前处理

先用酒精将剪刀消毒，再放置酒精灯上灼热灭菌。取25 g样品加入装有225 mL志贺氏菌增菌肉汤的无菌匀质杯中，用旋转刀片式匀质器以8 000～10 000 r/min匀质；或加入装有225 mL志贺氏菌增菌肉汤的无菌匀质袋中，用拍击式匀质器连续匀质1～2 min。培养条件为41.5 ℃ ±1 ℃，厌氧培养16～20 h。厌氧培养的目的是抑制绝对需氧菌。

三、检验

1. 分离培养与鉴别可疑菌落

取增菌后的志贺氏菌增菌液分别划线接种于XLD琼脂平板和MAC琼脂平板或志贺氏菌显色培养基平板上，放置36 ℃ ±1 ℃培养20 ~ 24 h。注意：因为志贺氏菌不形成菌膜及沉淀，所以不能以液体培养基是否浑浊来判断志贺氏菌的有无。此外，选择性平板的培养是有氧培养，目的是抑制绝对厌氧菌。

培养结束后，观察各平板上的菌落生长情况。志贺氏菌在不同选择性琼脂平板上的菌落特征见表3-27。

表3-27　志贺氏菌在不同选择性琼脂平板上的菌落特征

选择性琼脂平板	菌落特征
MAC琼脂	无色至浅粉红色，半透明、光滑、湿润、圆形、边缘整齐或不整齐
XLD琼脂	无色至粉红色，半透明、光滑、湿润、圆形、边缘整齐或不整齐
志贺氏菌显色培养基	按照显色培养基的说明进行判定

除了这几种培养基平板外，还可以选择HE琼脂平板和SS琼脂平板。这两种平板对于志贺氏菌来说选择性较高，均呈现为无色透明不发酵乳糖的菌落。

2. 初步生化试验

从选择性平板上挑选2个以上典型或可疑菌落，分别接种三糖铁琼脂和营养琼脂斜面，同时用半固体培养基作动力试验。放置36 ℃ ±1 ℃培养20 ~ 24 h。注意：接种半固体琼脂时，要采用垂直穿刺法，即垂直刺入固体中心(不要刺到管底)，然后循原路退出。

志贺氏菌在三糖铁培养基上的反应为：斜面产碱(红色)、底层产酸(黄色)，不产气(福氏志贺氏菌6型微量产气)，不产硫化氢，并且在半固体管中无运动现象。如发现符合上述生化反应现象，则挑取已培养的营养琼脂斜面上生长的菌落，进行下一步生化试验和血清学分型。

3. 生化试验及附加生化试验

(1) 生化试验　进一步的生化试验包括β-半乳糖苷酶、尿素、赖氨酸脱羧酶、鸟氨酸脱羧酶、水杨苷和七叶苷的分解试验(下面提到的各型是根据血清学分型得出的分类)。

在这些生化试验中，只有以下几种阳性结果，其余生化试验志贺氏菌属的培养物均为阴性结果。

1) 宋内氏志贺氏菌、鲍氏志贺氏菌13型——鸟氨酸阳性。

2) 宋内氏志贺氏菌、痢疾志贺氏菌1型、鲍氏志贺氏菌13型——β-半乳糖苷酶阳性。

另外，由于福氏志贺氏菌6型的生化特性与痢疾志贺氏菌或鲍氏志贺氏菌相似，所以必要时要补作靛基质、甘露醇、棉子糖、甘油试验。志贺氏菌属中三个群的生化特征见表3-28。

表3-28　福氏志贺氏菌、痢疾氏志贺氏菌和鲍氏志贺氏菌部分生化特征

生化反应	福氏志贺氏菌	痢疾志贺氏菌	鲍氏志贺氏菌
靛基质	(+)	-/+	-/+
甘露醇	+[a]	-	+

（续）

生化反应	福氏志贺氏菌	痢疾志贺氏菌	鲍氏志贺氏菌
棉子糖	+	-	-
甘油	-	(+)	(+)

注：1. “+”表示阳性；“-”表示阴性；“-/+”表示多数阴性；“+/-”表示多数阳性；“(+)”表示迟缓阳性。

2. [a]表示福氏4型和福氏6型常见甘露醇阴性变种。

（2）附加生化试验　由于某些不活泼的大肠埃希氏菌、A-D(碱性-异型)菌的部分生化特征与志贺氏菌相似，并能与某种志贺氏菌分型血清发生凝集，因此前面生化试验符合志贺氏菌属生化特性的培养物还需另加葡萄糖胺、西蒙氏柠檬酸盐、黏液酸盐试验(36 ℃培养24～48 h)。志贺氏菌属和不活泼大肠埃希氏菌、A-D菌的生化特性区别见表3-29。

表3-29　志贺氏菌属和不活泼大肠埃希氏菌、A-D菌的生化特性区别

生化反应	痢疾志贺氏菌	福氏志贺氏菌	鲍氏志贺氏菌	宋内氏志贺氏菌	大肠埃希氏菌	A-D菌
葡萄糖胺	-	-	-	-	+	+
西蒙氏柠檬酸盐	-	-	-	-	d	d
黏液酸盐	-	-	-	d	+	d

注：1. “+”表示阳性；“-”表示阴性；“d”表示有不同生化型。

2. 在葡萄糖胺、西蒙氏柠檬酸盐、黏液酸盐试验三项反应中志贺氏菌一般为阴性，而不活泼的大肠埃希氏菌、A-D(碱性-异性)菌至少有一项反应为阳性。

A-D(碱性-异性)菌是大肠杆菌的一个特殊血清型，能引起肠炎及泌尿道感染。

（3）如果选择生化鉴定试剂盒或全自动微生物生化鉴定系统，可根据三糖铁试验的初步判断结果，用已培养的营养琼脂斜面上生长的菌苔进行鉴定。

4. 血清学鉴定

志贺氏菌没有鞭毛抗原(H抗原)，所以主要针对菌体抗原(O抗原)进行血清学鉴定。

一般采用1.2%～1.5%琼脂培养物作为玻片凝集试验用的抗原。

首先要在玻片上划出适合的两个区域，每个区域范围约为1 cm×2 cm，挑取一环待测菌，各放1/2环于玻片上的每一区域上方，在其中一个区域下部加1滴菌体(O)抗原血清，在另一区域下部加入1滴生理盐水，作为对照。再用无菌的接种环分别将两个区域内的菌落研成乳状液。将玻片倾斜摇动混合1 min，在黑暗背景下进行观察，任何程度的凝集现象皆为阳性反应。典型现象为颗粒状凝集和片状凝集。如果生理盐水中出现凝集，视为自凝，应挑取同一培养基上的其他菌落继续进行试验。要注意与菌量过多时导致的浑浊现象相区分。

四、结果与报告

综合以上生化试验和血清学鉴定的结果，报告25 g样品中检出或未检出志贺氏菌。

任务考核

根据表3-30进行任务考核。

表 3-30　腐乳中志贺氏菌的定性检验任务考核

考核项目	考核内容	评价依据	评分标准	
			个人评分	教师评分
过程考核	试验前做好相应准备工作	教师观察记录表		
	通过增菌和平板分离，鉴别并挑取出可疑菌落	观察学生试验过程		
	熟练掌握厌氧培养的方法	观察学生试验过程		
	针对分离出的阳性菌株，作血清学试验，要求能够清楚地观察到凝集现象	观察学生试验过程		
	正确填写工作记录	检查记录单		
	正确回答课堂提问	回答问题的准确性		
职业素养	微生物实验室安全操作	观察学生操作过程		

知识拓展

一、志贺氏菌对环境的抵抗力

志贺氏菌对理化因素的抵抗力与其他肠道杆菌相比较弱，对酸敏感。外界环境中，潮湿的土壤里能存活 34 天，37 ℃水中能存活 20 天，冰块中能存活 96 天，粪便中(室温)能存活 11 天，其抵抗力以宋内氏菌最强，福氏菌次之，痢疾氏菌最弱。日光直接照射30 min或56 ~60 ℃用 10 min 即被杀死。对高温和化学消毒剂很敏感，1%石炭酸中 15 ~30 min 即被杀死。

二、志贺氏菌的传播途径及预防措施

志贺氏菌引发的疾病常为食物爆发型或经水传播型疾病，夏、秋两季发病情况较多。与此病菌相关的食品主要包括色拉、生蔬菜、水果、奶及奶制品、禽肉、面包制品等。食源性志贺氏菌流行的最主要原因是从事食品加工行业人员患痢疾或本身为带菌者污染了食品，或者加工水及其他生产材料受到人、动物粪便、废弃物等的污染而又未能很好地消毒处理，造成食品加工过程和产品的污染。所以，做好食品加工和饮食服务行业的卫生控制，对从事食品加工人员进行卫生教育，尽量避免生产材料受到外界环境的污染，抓好水源卫生和污水处理，都可以最大限度地消除传染源，切断传染途径，控制病菌流行。

三、志贺氏菌的致病性原理

1. 侵袭力

目前认为，不论是产生外毒素还是只产生内毒素的志贺氏菌，其致病前提是必须侵入肠壁，而非侵袭性痢疾杆菌突变菌株不能引起疾病，因此，对黏膜组织的侵袭力是决定致病力的主要因素。志贺氏菌侵袭黏膜组织是通过菌毛的作用，黏附在大肠和回肠末端黏膜的上皮细胞上，继而向邻近细胞及上皮下层繁殖扩散，产生的毒素会使上皮细胞死亡，并形成毛细血管血栓，以致坏死、脱落、形成溃疡。

2. 内毒素

各群志贺菌都能形成强烈的内毒素，其作用机制包括破坏肠黏膜上皮，造成黏膜下层炎症，并有毛细血管血栓形成，出现黏液脓血便；使肠壁通透性增强，促进毒素吸收，引起一系列毒血症的症状，如发热、神志障碍，甚至中毒性休克；作用于肠壁植物神经，使肠蠕动

失调并痉挛，尤以直肠括约肌受累明显，因而发生腹痛、腹泻、里急后重等症状。

3. 外毒素

痢疾志贺菌1型和部分2型能产生外毒素。其作用是使肠、膜通透性增强，并导致血管内皮细胞损害。一般认为具有外毒素的志贺氏菌引起的痢疾比较严重。外毒素具有细胞毒素、肠毒素和神经毒素3种生物学活性：①肠毒素有类似大肠杆菌和霍乱肠毒素的作用，能引起腹泻与呕吐；②细胞毒素可以阻止小肠上皮细胞对糖和氨基酸的吸收；③神经毒素可作用于重症感染者的中枢神经系统，造成昏迷或脑膜炎。外毒素在体外还可加重对血管内皮细胞的损伤。

四、志贺氏菌检测方法的研究进展

除传统方法外，目前志贺氏菌的检测技术一般是从免疫学和分子生物学两方面展开研究的。通过免疫学原理建立的检测方法，大大提高了志贺氏菌检测的灵敏性和特异性，目前主要有酶联免疫技术和SPA协同凝集技术这两种方法。而以分子生物学为基础建立的检测技术同样具备敏感、快速、高特异等优点。检测志贺氏菌的分子生物学技术主要包括聚合酶链反应、脉冲场凝胶电泳、基因芯片和探针技术等。

思考与练习

1. 志贺氏菌分为几个种群？分别叫什么？
2. 在进行厌氧培养的操作时，需要注意些什么？
3. 志贺氏菌在MAC平板和XLD平板上生长的典型性状是什么？
4. 如何通过生化试验区分志贺氏菌与某些不活泼的大肠埃希氏菌、A-D（碱性-异性）菌？

子任务二　腐乳中金黄色葡萄球菌的定性检验

学习目标

1. 知识目标

（1）了解金黄色葡萄球菌的生物学特性及致病性原理。

（2）掌握金黄色葡萄球菌检验原理和检验方法。

2. 能力目标

（1）能够正确进行样品前处理、增菌、分纯培养等实验步骤。

（2）掌握金黄色葡萄球菌的染色方法并能够通过显微镜进行识别。

3. 情感态度价值观目标

（1）正确认识金黄色葡萄球菌对人体健康的潜在危害。

（2）根据金黄色葡萄球菌的生长特性及致病原理，客观看待其在食品中的存在状态及危害性。

任务描述

给定一腐乳样品（可为加标样品），通过无菌取样、增菌和分离培养、鉴定等步骤检测其中是否含有金黄葡萄球菌（参照GB 4789.10—2010中第一法金黄色葡萄球菌定性检验）。

详细记录实验过程，并完成相应的实验报告。

任务流程

金黄色葡萄球菌检验流程如图 3-9 所示。

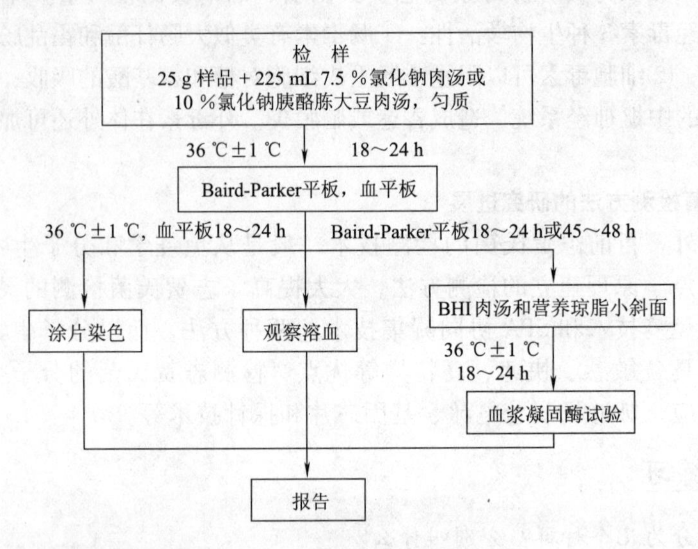

图 3-9　金黄色葡萄球菌检验流程

知识储备

一、金黄色葡萄球菌的生物学特性

1. 形态与染色

(1) 形态　典型的金黄色葡萄球菌呈球形，直径 0.4 ~ 1.2 μm，镜下常以葡萄串状排列，但有时亦可见散开、成双或呈短链状存在。无鞭毛，无芽孢，体外培养一般不形成荚膜，但体内菌株形成荚膜较为常见。致病性葡萄球菌一般较非致病性菌小，并且各个菌体的大小及排列也较整齐。

(2) 染色步骤　金黄色葡萄球菌易被碱性染料着色，革兰氏染色阳性，但衰老、死亡或被白细胞吞噬的菌体，常呈革兰氏阴性。对青霉素有抗药性的菌体也为革兰阴性菌。革兰氏染色可参考GB/T 4789. 28—2003，具体步骤如下。

1) 将涂片在火焰上固定，滴加结晶紫染色液，染 1 min，水洗。

2) 滴加革兰氏碘液，作用 1 min，水洗。

3) 滴加 95% 乙醇脱色，约 30 s；或将乙醇滴满整个涂片，立即倾去，再用乙醇滴满整个涂片，脱色 10 s。

4) 水洗，滴加复染液，复染 1 min。水洗，待干，镜检。

(3) 染色注意事项

1) 一般选用培养 18 ~ 24 h 的新鲜培养物作染色用。若培养时间过长，由于菌体死亡或自溶常使革兰氏阳性菌产生阴性反应。涂片时应涂得越薄越好。可先在载片上滴加一滴生理盐水，以接种环刮取少量菌苔，涂于水滴上沿慢慢混匀。镜检时以分散开的单个细菌的染色反应为准。

2）用火焰固定时不可过热（以载片不烫手为宜），加热时通过火焰 2～3 次，使细胞质凝固，以固定细菌的形态，使其不易脱落。切忌在火焰上直接烧烤载玻片，易毁坏细菌形态。

3）染色过程中勿使染色液干涸。用水冲洗后，应用吸水纸吸去载玻片上的残留水迹，以免下一步染色液被稀释影响染色效果。

4）革兰氏染色成功的关键是乙醇脱色。若脱色过度，革兰氏阳性菌也可被脱色而染成阴性菌；若脱色时间过短，革兰阴性菌可能会被染成革兰氏阳性菌。脱色时间的长短还受菌片薄厚及乙醇用量多少等因素的影响，难以严格规定。

2. 培养特性

本菌营养要求不高，在普通培养基上生长良好。需氧或兼性厌氧，最适生长温度为 37 ℃，最适 pH 为 7.4。有高度的耐盐能力，在 10%～15% NaCl 肉汤或琼脂中仍能生长。

通过肉汤培养基培养过后，呈均匀浑浊生长。延长培养时间后，底部出现少量沉淀，经振摇，可见沉淀物质上升，旋即消散。

3. 生化反应

金黄色葡萄球菌多数菌株可分解葡萄糖、麦芽糖、乳糖、蔗糖、产酸且不产气。可分解甘露醇。甲基红阳性，V-P 为弱阳性，多数菌株可分解尿素产氨，还原硝酸盐，不产生吲哚。

二、金黄色葡萄球菌的致病性

金黄色葡萄球菌是人类化脓性感染中最常见的病原菌，能引起局部化脓性感染（如疖、毛囊炎、伤口化脓、骨关节的感染等），多系统性化脓性感染（如肺炎、伪膜性肠炎、心包炎等），以及全身性化脓性感染（如败血症、脓毒血症等）。

此外，金黄色葡萄球菌是引起细菌性食物中毒的重要病原菌之一，无论在发达国家还是在发展中国家几乎都爆发过这样的食物中毒。由金黄色葡萄球菌引发的食物中毒主要表现为恶心、呕吐、腹部疼痛和腹泻等急性胃肠炎症状，通常有 0.5～8 h 潜伏期，发病 1～2 天可自行恢复，预后良好。但实际上，金黄色葡萄球菌本身并无毒性，引发食物中毒主要是其繁殖过程中产生的肠毒素。金黄色葡萄球菌肠毒素属于外毒素，是由血浆凝固酶或耐热核酸酶阳性菌株所产生的一类结构相关、毒力相似、抗原性不同的胞外蛋白质。葡萄球菌肠毒素的特点是具有高度的耐热性，加热 100 ℃经 30 min 而不被破坏，要使其完全破坏需要煮沸2 h，这也是金黄色葡萄球菌引起的食物中毒在细菌性食物中毒中占有较大比例，成为世界性卫生问题的主要原因之一。

除产生肠毒素以外，金黄色葡萄球菌还产生表皮素、明胶酶、蛋白酶、脂肪酶、溶纤维素、磷酸酶、溶菌酶、淀粉酶、卵磷脂酶、肽酶等，这些都与致病性有关。

三、平板划线法

介绍一种常用的平板划线法，也称为四分法。将培养皿分为 4～5 个区域，如图 3-10 所示分为 A、B、C、D 四个区域，左手拿培养皿底并尽量使培养皿垂直于桌面，有培养基一面朝向酒精灯，右手拿接种环在 A 区连续划线，尽量使菌液均匀分布在 A 区。划完 A 区后，将 B 区转到上方，接种环通过 A 区（菌源区）将菌带到 B 区，随即划数条致密的平行线。再从 B 区作 C 区的划线。最后，经 C 区作 D 区的划线。划 D 区时切勿重新接触 A 区、B 区，以免将两区中浓密的菌液带到 D 区，影响单菌落的形成。随即将皿底放入皿盖中。烧去接种环上的残菌。

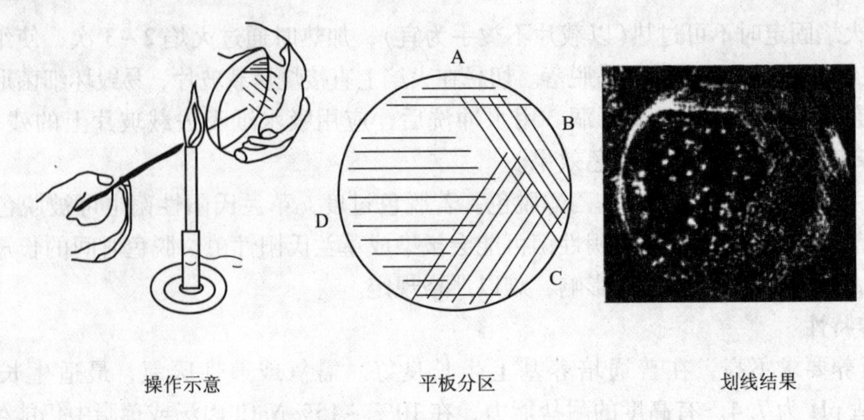

图 3-10　平板划线分离法

注意，当挑取菌落进行划线分纯时，划完 A 区后应立即烧掉环上的残菌，以免因菌量过多而影响后面各区的分离效果。

四、检测腐乳中金黄色葡萄球菌的意义

金黄色葡萄球菌在自然界广泛存在(空气、土壤、水和灰尘)，人体带菌率也很高(健康人群鼻、咽、肠道带菌率20% ~30%)，豆腐坯接种后，因为是在相对开放的自然条件下培养、操作，所以不能保证没有外界微生物侵入。而葡萄球菌中毒是由于菌体在食物中大量繁殖导致产生菌体毒素，葡萄球菌毒素抗热能力极强，因此作为即食性食品，检测腐乳是否被金黄色葡萄球菌污染具有重要意义。

任务实施

一、实验准备

1. 设备和材料

除微生物实验室常规灭菌及培养设备外，其他设备和材料如下。

1）恒温培养箱：36 ℃ ±1 ℃。

2）冰箱：2 ~5 ℃。

3）恒温水浴箱：37 ~65 ℃。

4）天平：感量 0.1 g。

5）均质器。

6）振荡器。

7）无菌吸管：1 mL(具 0.01 mL 刻度)、10 mL(具 0.1 mL 刻度)或微量移液器及吸头。

8）无菌锥形瓶：容量 100 mL、500 mL。

9）无菌培养皿：直径 90 mm。

10）显微镜。

11）注射器：0.5 mL。

12）pH 计或 pH 比色管或精密 pH 试纸。

13）剪刀。

14）接种环。

2. 试剂材料

（1）7.5%氯化钠肉汤　配方见表3-31。

表3-31　7.5%氯化钠肉汤配方

成分	需用量	备注
蛋白胨	10.0 g	pH 7.4
牛肉膏	5.0 g	
氯化钠	75 g	
蒸馏水	1 000 mL	

将上述成分加热溶解，调节pH，分装，每瓶225 mL，121 ℃高压灭菌15 min。

（2）10%氯化钠胰酪胨大豆肉汤　配方见表3-32。

表3-32　10%氯化钠胰酪胨大豆肉汤

成分	需用量	备注
胰酪胨（或胰蛋白胨）	17.0 g	pH 7.3 ±0.2
植物蛋白胨（或大豆蛋白胨）	3.0 g	
氯化钠	100.0 g	
磷酸氢二钾	2.5 g	
丙酮酸钠	10.0 g	
葡萄糖	2.5 g	
蒸馏水	1 000 mL	

将上述成分混合，加热，轻轻搅拌并溶解，调节pH，分装，每瓶225 mL，121 ℃高压灭菌15 min。

（3）Baird-Parker琼脂平板　配方见表3-33。

表3-33　Baird-Parker琼脂平板配方

成分	需用量	备注
胰蛋白胨	10.0 g	pH 7.0 ±0.2
牛肉膏	5.0 g	
酵母膏	1.0 g	
丙酮酸钠	10.0 g	
甘氨酸	12.0 g	
氯化锂（$LiCl \cdot 6H_2O$）	5.0 g	
琼脂	20.0 g	
蒸馏水	950 mL	

增菌剂的配法：30%卵黄盐水50 mL与经过除菌过滤的1%亚碲酸钾溶液10 mL混合，保存于冰箱内。

将上述各成分加到蒸馏水中，加热煮沸至完全溶解，调节pH。分装每瓶95 mL，121 ℃

高压灭菌15 min。临用时加热熔化琼脂，冷至50 ℃，每95 mL加入预热至50 ℃的卵黄亚碲酸钾增菌剂5 mL摇匀后倾注平板。培养基应是致密不透明的。使用前在冰箱储存不得超过48 h。

（4）脑心浸出液肉汤（BHI） 配方见表3-34。

表3-34 脑心浸出液肉汤配方

成分	需用量	备注
胰蛋白胨	10.0 g	pH 7.4 ±0.2
氯化钠	5.0 g	
磷酸氢二钠（$Na_2HPO_4 \cdot 12H_2O$）	2.5 g	
葡萄糖	2.0 g	
牛心浸出液	500 mL	

加热溶解，调节pH，分装于16 mm×160 mm试管中，每管5 mL，置121 ℃灭菌15 min。

（5）血琼脂平板 配方见表3-35。

表3-35 血琼脂平板配方

成分	需用量
豆粉琼脂（pH 7.4～7.6）	100 mL
脱纤维羊血（或兔血）	5～10 mL

加热熔化琼脂，冷却至50 ℃，以无菌操作加入脱纤维羊血，摇匀，倾注平板。

（6）营养琼脂小斜面 配方见表3-36。

表3-36 营养琼脂小斜面配方

成分	需用量	备注
蛋白胨	10.0 g	pH 7.2～7.4
牛肉膏	3.0 g	
氯化钠	5.0 g	
琼脂	15.0～20.0 g	
蒸馏水	1 000 mL	

将除琼脂以外的各成分溶解于蒸馏水内，加入15%氢氧化钠溶液约2 mL调节pH至7.2～7.4。加入琼脂，加热煮沸，使琼脂溶解，分装于13 mm×130 mm管内，121 ℃高压灭菌15 min。

（7）磷酸盐缓冲液（稀释液） 配方见表3-37。

表3-37 磷酸盐缓冲液配方

成分	需用量	备注
磷酸二氢钾（KH_2PO_4）	34.0 g	pH 7.2
蒸馏水	1 000 mL	

储存液：称取34.0 g磷酸二氢钾溶于500 mL蒸馏水中，用大约175 mL的1 mol/L氢氧化钠溶液调节至pH 7.2，用蒸馏水稀释至1 000 mL后储存于冰箱。

稀释液：取储存液1.25 mL，用蒸馏水稀释至1 000 mL，分装于适宜容器中，121 ℃高压灭菌15 min。

（8）兔血浆　取柠檬酸钠3.8 g，加蒸馏水100 mL，溶解后过滤，装瓶，121 ℃高压灭菌15 min。

兔血浆制备：取3.8%柠檬酸钠溶液一份，加兔全血四份，混好静置（或以3 000 r/min离心30 min），使血液细胞下降，即可得血浆。

（9）革兰氏染色液

1）结晶紫染色液：配方见表3-38。

将结晶紫完全溶解于乙醇中，然后与草酸铵溶液混合。

2）革兰氏碘液：配方见表3-39。

表3-38　结晶紫染色液配方

成　　分	需用量
结晶紫	1.0 g
95%乙醇	20.0 mL
1%草酸铵水溶液	80.0 mL

表3-39　革兰氏碘液配方

成　　分	需用量
碘	1.0 g
碘化钾	2.0 g
蒸馏水	300 mL

将碘与碘化钾先行混合，加入蒸馏水少许充分振摇，待完全溶解后，再加蒸馏水至300 mL。

3）沙黄复染液：配方见表3-40。

将沙黄溶解于乙醇中，然后用蒸馏水稀释。

（10）无菌生理盐水　配方见表3-41。

表3-40　沙黄复染液配方

成　　分	需用量
沙黄	0.25 g
95%乙醇	10.0 mL
蒸馏水	90.0 mL

表3-41　无菌生理盐水配方

成　　分	需用量
氯化钠	8.5 g
蒸馏水	1 000 mL

称取8.5 g氯化钠溶于1 000 mL蒸馏水中，121 ℃高压灭菌15 min。

二、样品前处理

先用酒精将剪刀消毒，再放置酒精灯上灼热灭菌。用灭过菌的剪刀取25 g样品至盛有225 mL 7.5%氯化钠肉汤或10%氯化钠胰酪胨大豆肉汤的无菌均质杯内，8 000～10 000 r/min均质1～2 min，或放入盛有225 mL 7.5%氯化钠肉汤或10%氯化钠胰酪胨大豆肉汤的无菌均质袋中，用拍击式均质器拍打1～2 min。

三、检验

1. 增菌及分离培养

将样品匀液放置36 ℃±1 ℃恒温培养箱中培养18～24 h。在7.5%氯化钠肉汤中金黄色葡萄球菌呈浑浊生长；当样品污染严重时，在10%氯化钠胰酪胨大豆肉汤内呈浑浊生长。用接种环分别划线于 Baird-Parker 平板和血平板上。Baird-Parker 平板于 36 ℃ ±1 ℃培养 18 ~24 h（若无典型菌落生长,可延长培养至 48 h），血平板于 36 ℃ ±1 ℃培养 18 ~24 h。

血平板一般可以从生物试剂公司直接购得，Baird-Parker 平板需要实验室自行配制，配制过程中要注意无菌操作，如在倾注平板前，要将锥形瓶外壁的水擦干，防止水滴滴入培养皿造成污染。还应注意培养皿表面必须干燥，因为水分的存在不利于分散菌落的产生。用接种环接种时，要取满一整环菌液，否则将影响对目标菌的检出，易漏检。

2. 鉴别典型菌落

在普通平板上，可形成厚、湿润、有光泽、圆形、凸起、边缘整齐的菌落，直径 2 mm 左右。在血平板上，该菌呈金黄色，有时也为白色，大而凸起、圆形、不透明、表面光滑，周围出现透明溶血现象。在 Baird-Parker 平板上为圆形、湿润的菌落，直径为 2 ~3 mm，颜色成灰色或黑色，边缘为一浑浊带，再外面是一透明圈，碰触时有似奶油树胶的硬度。偶然会遇到非脂肪溶解的类似菌落，但无浑浊带及透明圈。而从长期保存的冷冻或干燥食品中分离的菌落产生的黑色较浅，外观可能较粗糙并干燥。

3. 兔血浆凝固酶试验

（1）操作步骤

1）挑取可疑菌落接种到 5 mL BHI 和营养琼脂小斜面，36 ℃ ±1 ℃培养 18 ~24 h。

2）取新鲜配制兔血浆 0.5 mL，放入小试管中，再加入 BHI 培养物 0.2 ~0.3 mL，振荡摇匀，置 36 ℃ ±1 ℃温箱或水浴箱内，每半小时观察一次，观察 6 h，如呈现凝固(即将试管倾斜或倒置时内容物不流动)或凝固体积大于原体积的一半，被判定为阳性结果。同时以血浆凝固酶试验阳性和阴性葡萄球菌菌株的肉汤培养物作为对照。但考虑到兔血浆的得到途径有限，通常选择商品化的兔血浆凝固酶试剂，按其说明书操作，进行血浆凝固酶试验。

3）结果如可疑，挑取营养琼脂小斜面的菌落到 5 mL BHI 中，36 ℃ ±1 ℃培养 18 ~48 h，重复实验。

4）在进行血浆凝固酶试验的同时，对可疑菌落进行染色镜检。

（2）注意事项

1）挑取可疑菌落时不要碰触周围菌落，只能针对单一菌落进行凝固酶试验和染色镜检。避免造成结果的不确定性。

2）当凝固酶试验为弱阳性时，应通过其他检验来进一步确认，如厌氧条件下的葡萄糖发酵、溶菌酶试验、耐热核酸酶试验等。

3）当用商品化兔血浆凝固酶试剂进行检测时，可按实验室日常实验需求购买，不宜一次性购买过多。

四、结果与报告

血浆凝固酶试验阳性，在血平板上菌落周围有透明溶血环，形态符合金黄色葡萄球菌特点的菌株可被鉴定为金黄色葡萄球菌。

结果报告为在 25 g 样品中检出（或未检出）金黄色葡萄球菌。

任务考核

根据表 3-42 进行任务考核。

表 3-42　腐乳中金黄色葡萄球菌的定性检验任务考核

考核项目	考核内容	评价依据	评分标准	
			个人评分	教师评分
过程考核	实验前做好相应准备工作	教师观察记录表		
	通过增菌和平板分离，能够鉴别并挑取出可疑菌落	观察学生实验过程		
	针对观察到的典型菌落，进行凝固酶试验，要求在规定时间内观察到凝固现象	观察学生实验过程		
	能够通过革兰氏染色，观察到金黄色葡萄球菌的典型形态	观察学生实验过程		
	正确填写工作记录	检查记录单		
	正确回答课堂提问	回答问题的准确性		
职业素养	正确执行实验室安全操作规范	观察学生操作的规范性		

知识拓展

一、金黄色葡萄球菌的抵抗力

与一般无芽孢细菌相比较，金黄色葡萄球菌对热和干燥抵抗力较强，在干燥的痰、浓汁、血液中甚至可存活数月。通常情况下，加热 80 ℃经 30 min 才能使其失活，但煮沸可迅速将其致死。该菌对盐的耐受力非常强，可在 10% ~15% 的盐浓度溶液中良好地生长。该菌对碱性染料敏感，万分之一的结晶紫液即可抑制其生长。此外，金黄色葡萄球菌对青霉素、红霉素等高度敏感，对链霉素中度敏感，但对磺胺类药物敏感性较低，对氯霉素敏感性较差。

二、耐热核酸酶试验

因为金黄色葡萄球菌产生的 DNase 酶(热稳定核酸酶)能耐受 100 ℃煮沸 15 min 而不失活，因此可与其他葡萄球菌或其他微球菌所产生的 DNase 酶相区别。其中，可产生耐热核酸酶的葡萄球菌其他种包括产色素葡萄球菌、海豚葡萄球菌、猪葡萄球菌猪亚种、中间型葡萄球菌和木糖葡萄球菌。而产色素葡萄球菌和木糖葡萄球菌凝固酶试验阴性，海豚葡萄球菌只在海豚创伤中检出，猪葡萄球菌猪亚种和中间型葡萄球菌不还原亚碲酸盐，可从 Baird-Parker 平板上筛除。所以，凝固酶试验结合耐热核酸酶试验，就应当可以证实 Baird-Parker 平板上的可疑金黄色葡萄球菌菌落。

试验操作：将培养 24 h 的金黄色葡萄球菌肉汤培养物置沸水浴 15 min，用接种环挑取该培养物，划线刺种于甲苯胺蓝-DNA 琼脂平板，置 36 ℃ ±1 ℃培养 24 h。在刺种线周围呈现浅粉色者为阳性。

三、卵黄甘露醇高盐琼脂鉴别培养基的应用

在日本，金黄色葡萄球菌的检验方法中，一种名为卵黄甘露醇高盐琼脂的培养基被广泛应用于实验中。配制方法：将甘露醇高盐琼脂按使用说明配制，高压灭菌后放至 50 ℃左右，无菌操作，每 95 mL 加入新鲜鸡蛋黄 5 mL，充分混匀，倾注无菌培养皿，凝固后 2 ~8 ℃保存备用。实验时，取一满环增菌液划线于该培养皿上，置 35 ℃ ±1 ℃培养 48 ±3 h，金黄色葡萄球菌在平板上生成 1.0 ~1.5 mm 的不透明、有光泽的黄色菌落，其周围由于卵黄反应产生浑浊环(黄白色的不透明晕带)。这种鉴别培养基的优点在于可以根据卵黄反应，更清

断更准确地鉴定可疑菌落。在日常检测中，我们发现这种培养基的使用可以有效提高样品的阳性检出率。但另一方面，这种培养基配制过程较烦琐，需要提前准备新鲜鸡蛋。在配制过程中，要注意对培养基温度的控制，温度过高会使蛋黄液的蛋白变性，温度过低导致琼脂部分凝固，使蛋黄液无法与基础琼脂混匀。此外，必须注意配制过程中的无菌操作。

四、关于金黄色葡萄球菌其他的检验方法

在实验中可以尝试使用一些显色培养基来辅助进行判断。显色培养基是针对某一种菌进行专门设计的，以达到快速鉴别的目的。通常目标菌在这种平板上显示的颜色呈唯一性，而杂菌则为其他的颜色。目前，市场上的显色培养基主要以进口为主，并且价格较贵，但不失为一种很好的辅助鉴别手段。此外，近年来还发展出许多更先进的快速检测方法，如酶联免疫法、免疫荧光法、聚合酶链式反应法、电阻抗技术和原位杂交等。感兴趣的同学可以自行阅读相关资料，此处不再赘述。

思考与练习

1. 当已知样品污染量很大时，能否缩短第一步增菌的时间，以达到又快又好地完成实验的目的？为什么？

2. 当第一步增菌结束后，发现增菌液未产生浑浊显现，能否结束实验，报告阴性结果？

3. 凝固酶试验中，发现凝固酶未在6 h内凝固，而是在10 h甚至更长时间后凝固，能否报告阳性结果？为什么？如果不能，还应进行哪些实验加以证明？

4. 熟练掌握染色方法，选择不同培养时间的葡萄球菌培养物进行染色练习，观察不同菌龄状态下葡萄球菌的镜下形态。

子任务三　腐乳中沙门氏菌的定性检验

学习目标

1. 知识目标

（1）了解沙门氏菌的生物学特性。

（2）掌握沙门氏菌属在各种选择性琼脂平板上的菌落特征。

（3）掌握沙门氏菌的检验方法。

2. 能力目标

（1）能够按要求完成各项实验步骤，得出满意结果。

（2）灵活利用各种选择性琼脂平板进行实验，了解其选择特性及原理。

（3）掌握选择性琼脂平板上沙门氏菌属的菌落特性，能够准确鉴别选择性琼脂平板上的可疑菌落。

3. 情感态度价值观目标

（1）了解沙门氏菌在卫生检验中的意义。

（2）了解人感染沙门氏菌的主要途径，更好地预防由沙门氏菌引发的感染及食物中毒事件。

任务描述

给定一件腐乳样品(可为加标样品)，通过无菌取样、增菌和分离培养、鉴定等步骤检验其中是否含有沙门氏菌(参照 GB 4789.4—2010)。详细记录实验过程，并完成相应的实验报告。

任务流程

沙门氏菌的检验流程如图 3-11 所示。

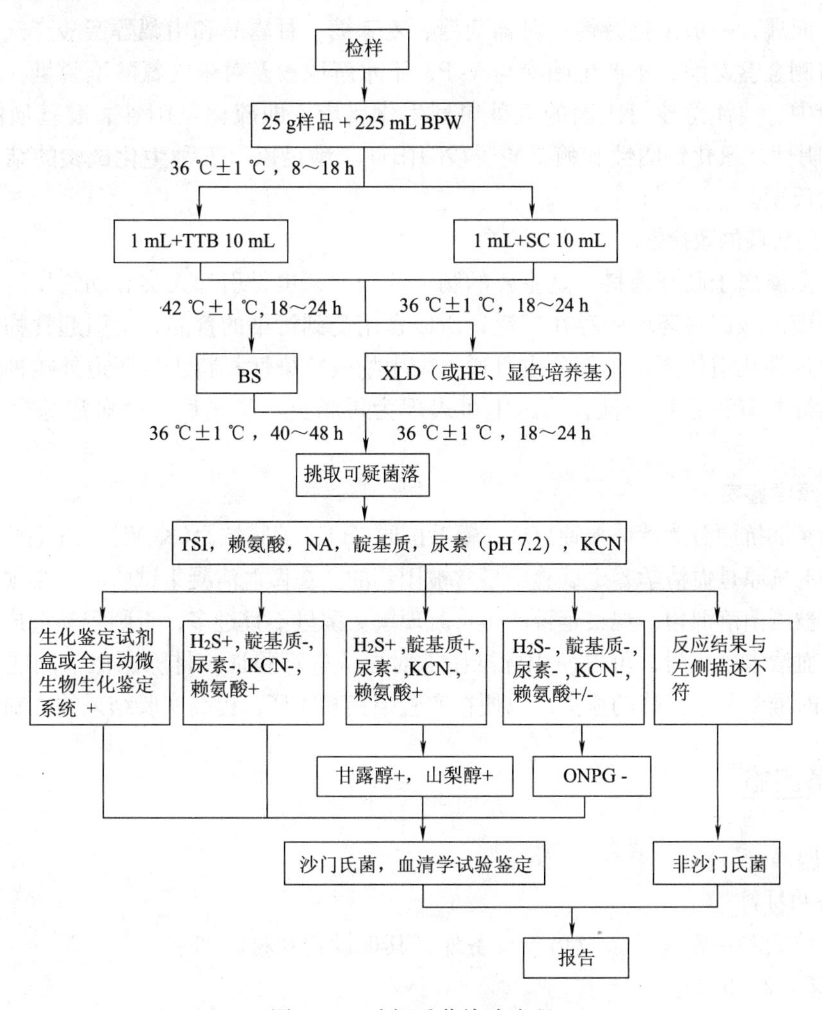

图 3-11 沙门氏菌检验流程

注：“+”表示阳性，“-”表示阴性，“+/-”表示阳性或阴性。

知识储备

一、沙门氏菌的生物学特性

1. 形态

沙门氏菌属于肠杆菌科，为革兰氏阴性无芽孢短杆菌。多数具有周生鞭毛，能运动。也有无鞭毛不能运动的，如鸡沙门氏菌。

2. 培养特性

沙门氏菌为需氧及兼性厌氧菌，可于 10～43 ℃生长，最适生长温度为 37 ℃，适宜 pH 为6.8～7.8，营养要求不高，能在普通琼脂培养基上正常生长。培养 24 h 后，形成圆形、光滑、湿润的菌落，直径为 $\phi 2 \sim \phi 3$ mm。延长培养时间，可变成枫叶状粗糙型菌落，边缘不整齐。在液体培养基中呈均匀浑浊生长。

3. 生化反应

沙门氏菌属有6个亚属和3 000多个血清型，因此生化反应比较复杂。常见的沙门氏菌均属于第Ⅰ亚属，一般生化特性：对葡萄糖、麦芽糖、甘露醇和山梨醇产酸产气，不发酵乳糖、蔗糖与侧金盏花醇，不产生吲哚与V-P，不水解尿素及对苯丙氨酸不脱氢。

在实验中，要注意沙门氏菌的五种典型生化反应，即硫化氢阳性、靛基质阴性、尿素（pH 7.2）阴性、氰化钾阴性和赖氨酸脱羧酶阳性。满足以上五种生化试验的结果，就可以判定为沙门氏菌。

二、沙门氏菌的致病性

沙门氏菌属属于肠杆菌科，是主要的肠道致病菌，也是引起人类和动物发病和食物中毒的主要病原菌。该菌在环境中存在广泛，所以食用受到污染的食品，可引起食物中毒。沙门氏菌主要通过消化道传播，少部分也可通过微生物或感染性材料于胃肠道外接种传播。沙门氏菌的致病性具有种系特异性，临床上可表现为胃肠炎、肠热病、菌血症综合征或局灶性疾病。

三、血清学鉴定

沙门氏菌的抗原分为菌体抗原(O)，鞭毛抗原(H)，荚膜抗原(K、Vi)，纤毛抗原。其中菌体抗原和鞭毛抗原是血清学鉴定试验中最常被用到的。在做血清凝集试验时，必须同时取一滴生理盐水与被测菌落混匀，观察是否产生自凝现象。菌量不宜过多，否则容易造成浑浊，不利于观察。当血清未凝集时，可以使用标准菌株对血清进行验证，排除因血清问题导致的假阴性。或者同时准备两个品牌的血清，以便在实验中相互印证，提高实验结果的准确性。

任务实施

一、实验准备

1. 设备和材料

除微生物实验室常规灭菌及培养设备外，其他设备和材料如下。

1）冰箱：2～5 ℃。

2）恒温培养箱：36 ℃ ±1 ℃，42 ℃ ±1 ℃。

3）均质器。

4）振荡器。

5）电子天平：感量0.1 g。

6）无菌锥形瓶：容量500 mL、250 mL。

7）无菌吸管：1 mL(0.01 mL分度)、10 mL(0.1 mL分度)或微量移液器及吸头。

8）无菌培养皿：直径90 mm。

9）无菌试管：3 mm×50 mm、10 mm×75 mm。

10）无菌毛细管。

11）pH计或pH比色管或精密pH试纸。

12）全自动微生物生化鉴定系统。

2. 试剂材料

（1）缓冲蛋白胨水(BPW)　配方见表3-43。

表3-43　缓冲蛋白胨水配方

成　　分	需用量	备注
蛋白胨	10.0 g	pH 7.2±0.2
氯化钠	5.0 g	
磷酸氢二钠（含12个结晶水）	9.0 g	
磷酸二氢钾	1.5 g	
蒸馏水	1 000 mL	

将各成分加入蒸馏水中，搅混均匀，静置约10 min，煮沸溶解，调节pH，121 ℃高压灭菌15 min。

（2）四硫磺酸钠煌绿(TTB)增菌液

1）基础液：配方见表3-44。

表3-44　基础液配方

成　　分	需用量	备注
蛋白胨	10.0 g	pH 7.0±0.2
氯化钠	3.0 g	
牛肉膏	5.0 g	
碳酸钙	45.0 g	
蒸馏水	1 000 mL	

除碳酸钙外，将各成分加入蒸馏水中，煮沸溶解，再加入碳酸钙，调节pH，121 ℃高压灭菌20 min。

2）硫代硫酸钠溶液：配方见表3-45

表3-45　硫代硫酸钠溶液配方

成　　分	需用量
硫代硫酸钠（含5个结晶水）	50.0 g
蒸馏水	加至100 mL

121 ℃高压灭菌20 min。

3）碘溶液：配方见表3-46。

表3-46　碘溶液配方

成　　分	需用量
碘片	20.0 g
碘化钾	25.0 g
蒸馏水	加至100 mL

将碘化钾充分溶解于少量的蒸馏水中，再投入碘片，振摇玻瓶至碘片全部溶解为止，然后加蒸馏水至规定的总量，储存于棕色瓶内，塞紧瓶盖备用。

4）0.5%煌绿水溶液：配方见表3-47。

表3-47　0.5%煌绿水溶液配方

成　分	需用量
煌绿	0.5 g
蒸馏水	100 mL

溶解后，存放暗处不少于1天，使其自然灭菌。

5）牛胆盐溶液：配方见表3-48。

表3-48　牛胆盐溶液配方

成　分	需用量
牛胆盐	10.0 g
蒸馏水	100 mL

加热煮沸至完全溶解，121 ℃高压灭菌20 min。

临用前，按100 mL硫代硫酸钠、20 mL碘溶液、2 mL煌绿水溶液、50 mL牛胆盐溶液顺序，以无菌操作依次加入900 mL基础液中，每加入一种成分，均应摇匀后再加入另一种成分。

（3）亚硒酸盐胱氨酸(SC)增菌液　配方见表3-49。

表3-49　亚硒酸盐胱氨酸增菌液配方

成　分	需用量	备注
蛋白胨	5.0 g	pH 7.0 ±0.2
乳糖	4.0 g	
磷酸氢二钠	10.0 g	
亚硒酸氢钠	4.0 g	
L－胱氨酸	0.01 g	
蒸馏水	1 000 mL	

除亚硒酸氢钠和L-胱氨酸外，将各成分加入蒸馏水中，煮沸溶解，冷却至55 ℃以下，以无菌操作加入亚硒酸氢钠和1 g/L L-胱氨酸溶液10 mL(称取0.1 g L-胱氨酸,加1 mol/L氢氧化钠溶液15 mL,使其溶解,再加无菌蒸馏水至100 mL即成,如为DL-胱氨酸,用量应加倍)。摇匀，调节pH。

（4）亚硫酸铋(BS)琼脂　配方见表3-50。

表3-50　亚硫酸铋琼脂

成分	需用量	备注
蛋白胨	10.0 g	pH 7.5 ±0.2
牛肉膏	5.0 g	
葡萄糖	5.0 g	

（续）

成分	需用量	备注
硫酸亚铁	0.3 g	pH 7.5 ±0.2
磷酸氢二钠	4.0 g	
煌绿	0.025 g 或 5.0 g/L 水溶液 5.0 mL	
柠檬酸铋铵	2.0 g	
亚硫酸钠	6.0 g	
琼脂	18～20 g	
蒸馏水	1 000 mL	

将前三种成分加入 300 mL 蒸馏水（制作基础液）中，硫酸亚铁和磷酸氢二钠分别加入 20 mL和 30 mL 蒸馏水中，柠檬酸铋铵和亚硫酸钠分别加入另外 20 mL 和 30 mL 蒸馏水中，琼脂加入 600 mL 蒸馏水中。然后分别搅拌均匀，煮沸溶解。冷却至 80 ℃左右时，先将硫酸亚铁和磷酸氢二钠混匀，倒入基础液中，再混匀。将柠檬酸铋铵和亚硫酸钠混匀，倒入基础液中，再混匀。调节 pH，随即倾入琼脂液中，混合均匀，冷却至 50～55 ℃。加入煌绿溶液，充分混匀后立即倾注平板。

（5）HE 琼脂　配方见表 3-51。

表 3-51　HE 琼脂配方

成分	需用量	备注
蛋白胨	12.0 g	pH 7.5 ±0.2
牛肉膏	3.0 g	
乳糖	12.0 g	
蔗糖	12.0 g	
水杨素	2.0 g	
胆盐	20.0 g	
氯化钠	5.0 g	
琼脂	18.0～20.0 g	
蒸馏水	1 000 mL	
0.4% 溴麝香草酚蓝溶液	16.0 mL	
Andrade 指示剂	20.0 mL	
甲液	20.0 mL	
乙液	20.0 mL	

将前面七种成分溶解于 400 mL 蒸馏水中作为基础液；将琼脂加入 600 mL 蒸馏水中。然后分别搅拌均匀，煮沸溶解。加入甲液和乙液于基础液内，调节 pH。再加入指示剂，并与琼脂液合并，待冷却至 50～55 ℃倾注平板。

注意：本培养基不需要高压灭菌，在制备过程中不宜过分加热，避免降低其选择性。甲液、乙液和 Andrade 指示剂的配方见表 3-52。

表 3-52 甲液、乙液和 Andrade 指示剂配方

项目	成分	需用量
甲液	硫代硫酸钠	34.0 g
	柠檬酸铁铵	4.0 g
	蒸馏水	100 mL
乙液	去氧胆酸钠	10.0 g
	蒸馏水	100 mL
Andrade 指示剂	酸性复红	0.5 g
	1 mol/L 氢氧化钠溶液	16.0 mL
	蒸馏水	100 mL

将复红溶解于蒸馏水中，加入氢氧化钠溶液。数小时后如复红褪色不全，再加氢氧化钠溶液 1 ~2 mL。

（6）木糖赖氨酸脱氧胆盐(XLD)琼脂　配方见表 3-53。

表 3-53 木糖赖氨酸脱氧胆盐琼脂

成分	需用量	备注
酵母膏	3.0 g	pH 7.4 ±0.2
L－赖氨酸	5.0 g	
木糖	3.75 g	
乳糖	7.5 g	
蔗糖	7.5 g	
去氧胆酸钠	2.5 g	
柠檬酸铁铵	0.8 g	
硫代硫酸钠	6.8 g	
蒸馏水	1 000 mL	
氯化钠	5.0 g	
琼脂	15.0 g	
酚红	0.08 g	

除酚红和琼脂外，将其他成分加入 400 mL 蒸馏水中，煮沸溶解，调节 pH。另将琼脂加入 600 mL 蒸馏水中，煮沸溶解。将上述两溶液混合均匀后，再加入指示剂，待冷却至 50 ~55 ℃倾注平板。

注意：本培养基不需要高压灭菌，在制备过程中不宜过分加热，避免降低其选择性，存于室温暗处。本培养基宜于当天制备，第二天使用。

（7）三糖铁(TSI)琼脂　配方见表3-54。

表3-54　三糖铁琼脂配方

成分	需用量	备注
蛋白胨	20.0 g	pH 7.4 ±0.2
牛肉膏	5.0g	
乳糖	10.0 g	
蔗糖	10.0 g	
葡萄糖	1.0 g	
硫酸亚铁铵（含6个结晶水）	0.2 g	
酚红	0.025 g 或5.0 g/L 溶液5.0 mL	
氯化钠	5.0 g	
蒸馏水	1 000 mL	
硫代硫酸钠	0.2 g	
琼脂	12.0 g	

除酚红和琼脂外，将其他成分加入400 mL蒸馏水中，煮沸溶解，调节pH。另将琼脂加入600 mL蒸馏水中，煮沸溶解。将上述两溶液混合均匀后，再加入指示剂，混匀，分装试管，每管2～4 mL，121 ℃高压灭菌10 min或115 ℃高压灭菌15 min，灭菌后制成高层斜面，呈橘红色。

（8）蛋白胨水、靛基质试剂

1）蛋白胨水：配方见表3-55。

表3-55　蛋白胨水配方

成分	需用量	备注
蛋白胨（或胰蛋白胨）	20.　0 g	pH 7.4 ±0.2
氯化钠	5.0 g	
蒸馏水	1 000 mL	

将上述成分加入蒸馏水中，煮沸溶解，调节pH，分装小试管，121 ℃高压灭菌15 min。

2）靛基质试剂：

柯凡克试剂：将5 g对二甲氨基甲醛溶解于75 mL戊醇中，然后缓慢加入浓盐酸25 mL。

欧-波试剂：将1 g对二甲氨基苯甲醛溶解于95 mL 95 %乙醇内。然后缓慢加入浓盐酸20 mL。

试验方法：挑取小量培养物接种，在36 ℃ ±1 ℃培养1～2天，必要时可培养4～5天。加入柯凡克试剂约0.5 mL，轻摇试管，阳性者于试剂层呈深红色；或加入欧-波试剂约0.5 mL，沿管壁流下，覆盖于培养液表面，阳性者于液面接触处呈玫瑰红色。

注意：蛋白胨中应含有丰富的色氨酸。每批蛋白胨买来后，应先用已知菌种鉴定后方可使用。

(9) 尿素琼脂(pH 7.2)　配方见表3-56。

表3-56　尿素琼脂配方

成分	需用量	备注
蛋白胨	1.0 g	pH 7.2 ±0.2
氯化钠	5.0 g	
葡萄糖	1.0 g	
磷酸二氢钾	2.0 g	
0.4%酚红	3.0 mL	
琼脂	20.0 g	
蒸馏水	1 000 mL	
20%尿素溶液	100 mL	

除尿素、琼脂和酚红外，将其他成分加入400 mL蒸馏水中，煮沸溶解，调节pH。另将琼脂加入600 mL蒸馏水中，煮沸溶解。将上述两溶液混合均匀后，再加入指示剂后分装，121 ℃高压灭菌15 min。冷却至50～55 ℃，加入经除菌过滤的尿素溶液。尿素的最终浓度为2%。分装于无菌试管内，放成斜面备用。

试验方法：挑取琼脂培养物接种，在36 ℃ ±1 ℃培养24 h，观察结果。尿素酶阳性者由于产碱而使培养基变为红色。

(10) 氰化钾(KCN)培养基　配方见表3-57。

表3-57　氰化钾培养基配方

成　分	需用量	成　分	需用量
蛋白胨	10.0 g	氯化钠	5.0 g
磷酸二氢钾	0.225 g	磷酸氢二钠	5.64 g
蒸馏水	1 000 mL	0.5%氰化钾	20.0 mL

将除氰化钾以外的成分加入蒸馏水中，煮沸溶解，分装后于121 ℃高压灭菌15 min。放在冰箱内使其充分冷却。每100 mL培养基加入0.5%氰化钾溶液2.0 mL(最后浓度为1∶10 000)，分装于无菌试管内，每管约4 mL，立刻用无菌橡皮塞塞紧，放在4 ℃冰箱内，至少可保存两个月。同时，将不加氰化钾的培养基作为对照培养基，分装试管备用。

试验方法：将琼脂培养物接种于蛋白胨水内成为稀释菌液，挑取1环接种于氰化钾(KCN)培养基。并另挑取1环接种于对照培养基。在36 ℃ ±1 ℃培养1～2天，观察结果。如有细菌生长即为阳性(不抑制)，经2天细菌不生长为阴性(抑制)。

注意：氰化钾是剧毒药，使用时应小心，切勿沾染，以免中毒。夏天分装培养基应在冰箱内进行。实验失败的主要原因是封口不严，氰化钾逐渐分解，产生氢氰酸气体逸出，以致药物浓度降低，细菌生长，因而造成假阳性反应。实验时对每一环节都要特别注意。

（11）赖氨酸脱羧酶试验培养基　配方见表3-58。

表3-58　赖氨酸脱羧酶试验培养基配方

成分	需用量	备注
蛋白胨	5.0 g	pH 6.8 ±0.2
酵母浸膏	3.0 g	
葡萄糖	1.0 g	
蒸馏水	1 000 mL	
1.6%溴甲酚紫—乙醇溶液	1.0 mL	
L－赖氨酸或DL－赖氨酸	0.5 g/100 mL或1.0 g/100 mL	

除赖氨酸以外的成分加热溶解后，分装每瓶100 mL，再分别加入赖氨酸。L-赖氨酸按0.5%加入，DL-赖氨酸按1%加入。调节pH。对照培养基不加赖氨酸。分装于无菌的小试管内，每管0.5 mL，上面滴加一层液状石蜡，115 ℃高压灭菌10 min。

试验方法：从琼脂斜面上挑取培养物接种，于36 ℃ ±1 ℃培养18～24 h，观察结果。氨基酸脱羧酶阳性者由于产碱，培养基应呈紫色。阴性者无碱性产物，但因葡萄糖产酸而使培养基变为黄色。对照管应为黄色。

（12）糖发酵管　配方见表3-59。

表3-59　糖发酵管配方

成分	需用量	备注
牛肉膏	5.0 g	pH 7.4 ±0.2
蛋白胨	10.0 g	
氯化钠	3.0 g	
蒸馏水	1 000 mL	
磷酸氢二钠（含12个结晶水）	2.0 g	
0.2%溴麝香草酚蓝溶液	12.0 mL	

葡萄糖发酵管按上述成分配好后，调节pH。按0.5%加入葡萄糖，分装于有一个倒置小管的小试管内，121 ℃高压灭菌15 min。

其他各种糖发酵管可按上述成分配好后，分装每瓶100 mL，121 ℃高压灭菌15 min。另将各种糖类分别配好10%溶液，同时高压灭菌。将5 mL糖溶液加入于100 mL培养基内，以无菌操作分装小试管。

注：蔗糖不纯，加热后会自行水解者，应采用过滤法除菌。

试验方法：从琼脂斜面上挑取小量培养物接种，于36 ℃ ±1 ℃培养，一般培养2～3天。迟缓反应需观察14～30天。

（13）邻硝基酚β-D半乳糖苷（ONPG）培养基　配方见表3-60。

表3-60　邻硝基酚β-D半乳糖苷配方

成　分	需用量	成　分	需用量
邻硝基酚β－D半乳糖苷（ONPG）	60.0 mg	1%蛋白胨水（pH 7.5）	30.0 mL
0.01 mol/L 磷酸钠缓冲液（pH7.5）	10.0 mL		

将ONPG溶于缓冲液内，加入蛋白胨水，以过滤法除菌，分装于无菌的小试管内，每管0.5 mL，用橡皮塞塞紧。

试验方法：自琼脂斜面上挑取培养物1满环接种于36 ℃±1 ℃培养1～3 h和24 h观察结果。如果β-半乳糖苷酶产生，则于1～3 h变黄色，如无此酶则24 h不变色。

（14）半固体琼脂　配方见表3-61。

表3-61　半固体琼脂培养基配方

成分	需用量	备注
牛肉膏	0.3 g	pH 7.4±0.2
蛋白胨	1.0 g	
氯化钠	0.5 g	
蒸馏水	100 mL	
琼脂	0.35～0.4 g	

按以上成分配好，煮沸溶解，调节pH。分装小试管。121 ℃高压灭菌15 min。直立凝固备用。

注意：供动力观察、菌种保存、H抗原位相变异试验等用。

（15）丙二酸钠培养基　配方见表3-62。

表3-62　丙二酸钠培养基配方

成分	需用量	备注
酵母浸膏	1.0 g	pH 6.8±0.2
硫酸铵	2.0 g	
磷酸氢二钾	0.6 g	
磷酸二氢钾	0.4 g	
氯化钠	2.0 g	
丙二酸钠	3.0 g	
0.2%溴麝香草酚蓝溶液	12.0 mL	
蒸馏水	1 000 mL	

除指示剂以外的成分溶解于水，调节pH，再加入指示剂，分装试管，121 ℃高压灭菌15 min。

试验方法：用新鲜的琼脂培养物接种，于36 ℃±1 ℃培养48 h，观察结果。阳性者由

绿色变为蓝色。

（16）沙门氏菌属显色培养基

（17）沙门氏菌 O 和 H 诊断血清

（18）生化鉴定试剂盒。

二、样品前处理

先用酒精将剪刀消毒，再放置酒精灯上灼热灭菌。用灭过菌的剪刀取 25 g 样品至盛有 225 mL BPW 的无菌均质杯中，以 8 000～10 000 r/min 均质 1～2 min，或置于盛有 225 mL BPW 的无菌均质袋中，用拍击式均质器拍打 1～2 min。

三、检验

1. 增菌

（1）非选择性增菌　沙门氏菌增菌分为两步增菌。因为沙门氏菌在食品加工过程中常常受到损伤，导致活力下降，处于濒死状态，所以使用不加任何抑菌剂的缓冲蛋白胨水培养基进行第一步增菌，可以使沙门氏菌恢复活力，从而易于检出。但是增菌时间不宜过长，否则会导致其他非目标菌大量繁殖，反而抑制了沙门氏菌的增长。因此，这一步增菌也往往被称为前增菌或非选择性增菌。培养条件为 36 ℃ ±1 ℃培养 8～18 h。

（2）选择性增菌　第二步增菌的目的是抑制大多数其他细菌，而使沙门氏菌得以增殖。SC 适合伤寒沙门氏菌和甲型副伤寒沙门氏菌增菌，而 TTB 适合其他沙门氏菌。两者同时使用可以提高检出率，以防漏检。

试验方法：轻轻摇动经过前增菌的样品混合物，移取 1 mL，转种于 10 mL TTB 内，于 42 ℃ ±1 ℃培养 18～24 h。同时，另取 1 mL，转种于 10 mL SC 内，于 36 ℃ ±1 ℃培养 18～24 h。

2. 分离培养

经过第二步增菌后，大部分杂菌已被抑制，但仍有少部分杂菌未被抑制，因此需要用具有选择性的鉴别培养基对增菌液中的目标菌和非目标菌进行区分。

试验方法：分别用接种环取增菌液 1 环，划线接种于一个 BS 琼脂平板和一个 XLD 琼脂平板(或 HE 琼脂平板或沙门氏菌属显色培养基平板)，于 36 ℃ ±1 ℃分别培养 18～24 h(XLD 琼脂平板、HE 琼脂平板、沙门氏菌属显色培养基平板)或 40～48 h(BS 琼脂平板)。

各选择性平板鉴定要点见表 3-63。

表 3-63　选择性平板鉴定要点

选择性琼脂平板	沙门氏菌
XLD	菌落呈粉红色，带或不带黑色中心，有些菌株可呈现大的带光泽的黑色中心，或呈现全部黑色的菌落。有些菌株为黄色菌落，带或不带黑色中心
BS	菌落为黑色带有金属光泽，有时为棕褐色或灰色，菌落周围培养基可呈黑色或棕色。有些菌株呈现为灰绿色菌落，周围培养基不变色
HE	菌落为蓝绿色或蓝色，多数菌落中心为黑色或几乎全部为黑色。有些菌株为黄色，中心黑色或几乎全部为黑色
沙门氏菌显色培养基	按照显色培养基的说明进行判定

3. 生化试验

从选择性琼脂平板上至少挑取2个符合沙门氏菌特征的可疑菌落，进行生化试验。

1）三糖铁琼脂为砖红色，待灭菌后倾斜放置摆成高层斜面，注意不要刻意追求斜面的长度而导致底层穿刺空间不足。划线时，先在斜面划线，再于底层穿刺，这样做的目的是可以观察到表面有氧条件下和底层无氧条件下细菌的生长状态及各自产生的生化现象，利于判断。将接种好的三糖铁琼脂放置于36 ℃±1 ℃培养18~24 h，必要时可延长至48 h。

三糖铁琼脂观察方法：

①观察三糖铁琼脂斜面和底层，由砖红色变为黄色时，记为A；由砖红色变为深红色时，记为K。所以可以这样表示：如斜面和底层均为黄色，记为A/A；均为深红色，记为K/K；上黄下红记为A/K；上红下黄记为K/A。

②沙门氏菌可以分解三糖铁中的含硫氨基酸产生硫化氢，观察到的现象为黑色沉淀，部分培养基变黑，记作硫化氢试验“+”。

③若分解糖类产气，可以观察到培养基中产生气泡或裂缝，产气多时，整个培养基被托起，记作“+”。产气现象多见于底部，这就是为什么在制作三糖铁琼脂时要保证底部穿刺空间充足，比较便于观察。

由此可知，待检菌株在三糖铁上有许多种生化表现形式，但只有斜面产酸、硫化氢阴性的菌株可排除沙门氏菌的可能性。其他的反应结果均需要进行其他生化试验加以验证。

2）在穿刺接种三糖铁之后，接种针不要灭菌，直接接种赖氨酸脱羧酶、蛋白胨水（靛基质试验）、pH 7.2 尿素琼脂、氰化钾（KCN）等生化培养基。若硫化氢+，靛基质-，尿素-，氰化钾-，赖氨酸脱羧酶+，可判断为沙门氏菌属，这是最典型的沙门氏菌的生化反应。注意：如使用商品化生化套装，应根据所购买生化试剂套装的说明书判断各项生化试验的结果，需仔细阅读。

但是，沙门氏菌菌型很多，生化反应非常复杂，当出现非典型生化反应时，我们需要补作其他生化试验和血清学试验加以验证。分为以下三种情况。

①尿素、氰化钾（KCN）和赖氨酸脱羧酶3项中有一项不符合，则按表3-64判定。如两项不符合则判定为非沙门氏菌。

②当靛基质为+，其他四项生化试验为典型反应时，需要补作甘露醇和山梨醇试验，两项试验结果应均为阳性，为沙门氏菌靛基质阳性变体。但需要结合血清学鉴定结果进行判定，见表3-65。

③当硫化氢-，赖氨酸脱羧酶+/-（阳性或阴性）时，需要补作ONPG试验。ONPG阴性为沙门氏菌，同时赖氨酸脱羧酶阳性。甲型副伤寒沙门氏菌为赖氨酸脱羧酶阴性。

表3-64 沙门氏菌生化反应鉴别表

尿素（pH 7.2）	氰化钾（KCN）	赖氨酸脱羧酶	判定结果
-	-	-	甲型副伤寒沙门氏菌（要求血清学鉴定结果）
-	+	+	沙门氏菌Ⅳ或Ⅴ（要求符合本群生化特征）
+	-	+	沙门氏菌个别变体（要求血清学鉴定结果）

注：“+”表示阳性；“-”表示阴性。

表 3-65　沙门氏菌各生化群的鉴别

项目	Ⅰ	Ⅱ	Ⅲ	Ⅳ	Ⅴ	Ⅵ
卫矛醇	+	+	−	−	+	−
山梨醇	+	+	+	+	+	−
水杨苷	−	−	−	+	−	−
ONPG	−	−	+	−	+	−
丙二酸盐	−	+	+	−	−	−
KCN	−	−	−	+	+	−

注："+"表示阳性；"−"表示阴性。

4. 血清学鉴定

一般采用 1.2% ~1.5% 琼脂培养物作为玻片凝集试验用的抗原。

首先要在玻片上划出适合的两个区域，区域范围约为 1 cm×2 cm，挑取待鉴定的菌落，各放 1/2 的量在两个区域的上部，在其中一个区域下部加一滴菌体(O)抗血清，在另一区域下部加入 1 滴生理盐水，作为对照，观察菌落是否有自凝现象。再用无菌的接种环分别将两个区域内的菌落研成乳状液。将玻片倾斜摇动混合 1 min，在黑暗背景下进行观察(见图 3-12)，任何程度的凝集现象皆为阳性反应。典型现象为颗粒状凝集、片状凝集。要注意与菌量过多时导致的浑浊现象相区分。

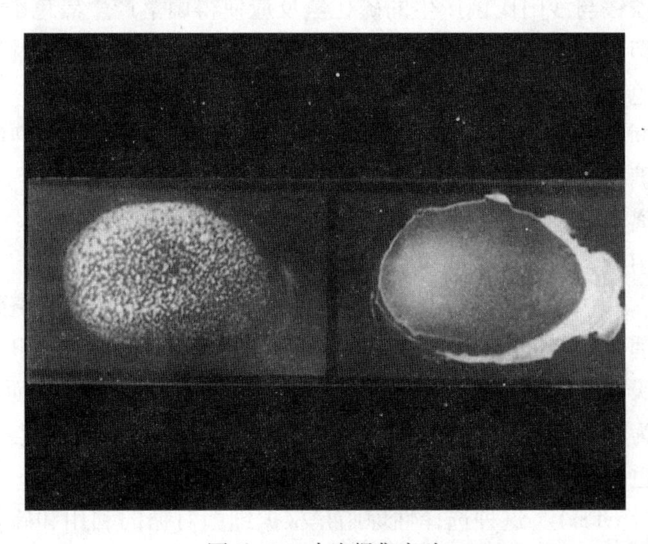

图 3-12　玻片凝集实验

四、结果与报告

综合以上生化试验和血清学鉴定的结果，报告 25 g 样品中检出或未检出沙门氏菌。

任务考核

根据表 3-66 进行任务考核。

表 3-66　腐乳中沙门氏菌的定性检验任务考核

考核项目	考核内容	评价依据	评分标准	
			个人评分	教师评分
过程考核	实验前做好相应准备工作	教师观察记录表		
	正确执行实验室安全操作规范	观察学生操作的规范性		
	通过两步增菌过程和平板分离，鉴别并挑取出可疑菌落	观察学生实验过程		
	针对分离出的阳性菌株，做血清学试验，要求能够清楚地观察到凝集现象	观察学生实验过程		
	正确填写工作记录	检查记录单		
	正确回答课堂提问	回答问题的准确性		

知识拓展

一、各类选择性琼脂的选择特性及原理

（1）木糖赖氨酸脱氧胆盐琼脂（XLD）　其中酵母粉为细菌生长提供维生素和辅助因子，木糖、乳糖和蔗糖为可发酵的碳源，酸碱指示剂为酚红，NaCl 维持培养基的渗透压，去氧胆酸钠可以抑制一般革兰氏阳性菌的生长。由于沙门氏菌只发酵木糖产酸，酸性环境导致该菌产生脱羧酶，从而使培养基中的赖氨酸脱羧，培养基 pH 升高转向碱性。碱性条件下，硫代硫酸钠及柠檬酸铁铵与沙门氏菌产生的硫化氢反应使得菌落产生黑色中心，但在酸性条件下，这种反应会被抑制。注意：亚利桑那沙门氏菌属（沙门氏菌Ⅲ属）因为发酵乳糖，所以可形成带黑心的黄色菌落，直径约为 ϕ2 mm。

（2）亚硫酸铋琼脂（BS）　该选择性琼脂平板选择性较强，煌绿为抑制剂。沙门氏菌利用培养基中的葡萄糖，将亚硫酸铋琼脂中的亚硫酸铋还原成硫化物，并与硫酸亚铁反应形成黑色菌落。由于铋离子被还原为金属铋，使菌落呈现出金属光泽。注意：大肠杆菌在 BS 琼脂上会形成灰黑色菌落，但不会产生金属光泽。

（3）HE 琼脂　其中的胆盐、枸橼酸盐、硫代硫酸钠等可以抑制肠道致病性革兰氏阳性菌的生长。沙门氏菌菌落特征为蓝绿色或蓝色，多数菌落中心为黑色或几乎全部为黑色。注意：亚利桑那沙门氏菌因为发酵乳糖，可形成黄色带黑色中心的菌落，而其他发酵乳糖且不产生硫化氢的细菌为黄色菌落。有些柠檬杆菌因为发酵乳糖，菌落特征与亚利桑那沙门氏菌相似，但形成的黑色中心相对较小，注意区分。

（4）三糖铁琼脂（TSI）　这种选择性琼脂是根据细菌对糖的利用和硫化氢的产生来进行鉴定。TSI 中包含乳糖、蔗糖和葡萄糖，比例为 10∶10∶1。因为沙门氏菌只发酵葡萄糖，所以产酸量很少，加之斜面与氧气接触被氧化及氮代谢产生的碱性物质导致上层斜面部分呈中性或微碱性，显示为红色，而底部在相对无氧条件下则呈酸性，显示为黄色，又因为沙门氏菌可以分解 TSI 培养基中的含硫氨基酸，产生硫化氢，与此同时，培养基中的硫代硫酸钠作为还原剂能保证产生的硫化氢不致被氧化，而硫化氢在培养基中铁盐的作用下最终形成黑色的硫化亚铁。所以，在三糖铁琼脂上，沙门氏菌上层产碱显红色，下层产酸显黄色，培养基产硫化氢变黑，多数产气。

二、沙门氏菌与大肠埃希氏菌属的鉴别要点

因为沙门氏菌和大肠埃希氏菌属都主要来源于粪便，并且埃希氏菌属占绝对优势，所以选择性增菌后，与沙门氏菌相伴随的主要是埃希氏菌属。如何区分这两种菌是我们在检测过程中需要关注的。首先，沙门氏菌属与埃希氏菌属的一个主要区别是两者乳糖试验结果不同，沙门氏菌属Ⅰ、Ⅱ、Ⅳ、Ⅴ、Ⅵ绝大部分不分解乳糖，而埃希氏菌属可以分解乳糖产酸，使培养基中的酸碱指示剂发生颜色反应，菌落也发生颜色变化，这是一个鉴别要点。但是，沙门氏菌亚属Ⅲ（亚利桑那沙门氏菌）大部分能分解乳糖，所以还需要加入硫化氢指示系统来鉴别两者。埃希氏菌属硫化氢试验为阴性，而沙门氏菌亚属Ⅲ大部分可以分解含硫氨基酸产生硫化氢，最终在铁盐的作用下形成黑色的硫化亚铁，因此菌落为黑色或带有黑色中心，这是另外一个鉴别要点。

请注意，决定一个细菌是否属于本菌属，不是以某一项生化试验来判断的，上面提到的两点只是起到区分作用，绝不是判断“是”或“不是”某菌属的依据，而是应该以系列生化试验为基础并结合血清学试验进行鉴别。

三、关于 API 生化鉴定系统的应用

在实验中，已分离出可疑单菌落时，可以使用 API 生化鉴定系统进行辅助实验，帮助进行实验结果的验证。该生化鉴定系统较传统生化试验方法具有快速、准确、微量化和操作简便等优点。在生化试验的基础上再配制一套有计算机编码的细菌鉴定手册，就可以对某类细菌进行大量的菌种鉴定工作。

API 生化鉴定系统分很多型号。在肠杆菌科和其他革兰氏阴性杆菌的鉴定中，我们通常使用的是 API20E 鉴定系统，其主要部分为一块塑料板，上面有 20 个小杯，每个杯内装有生化试验用的干燥底物，也就是酶作用物和指示剂。实验时，先将待测菌落制成菌悬液，再用吸管滴入各个小杯内。经培养后，根据代谢作用产生的颜色变化判断阴性或阳性（或是加入相应试剂后观察颜色变化），统计出分值，将分值输入与之配套的计算机软件，得出最后的鉴定结果。

思考与练习

1. 在进行第二步增菌时，能否只使用 TTB 和 SC 中的一种增菌液？为什么？

2. 在三糖铁试验中，哪种生化现象可以直接排除沙门氏菌属的可能？为什么？

3. 有选择性地选取不同培养时间的沙门氏菌典型菌落，练习血清学凝集试验，仔细观察凝集现象。

任务四 腐乳中总砷的测定

学习目标

1. 知识目标

（1）了解食品中砷的来源和砷的毒性。

（2）理解原子荧光光度法测定食品中总砷含量的原理。

（3）理解原子荧光的含义。

(4) 掌握湿法消解操作步骤。

(5) 掌握标准曲线定量法。

(6) 掌握原子荧光光度仪器参数设置的注意事项。

2. 能力目标

(1) 会用湿法消解的方法对试样进行前处理。

(2) 会运用原子荧光光度计测定腐乳中总砷的含量。

(3) 会根据原子分光光度计仪器测量结论分析并优化仪器参数。

(4) 会运用标准曲线法计算检测结果，并结合相关质量标准判断样品质量。

3. 情感态度价值观目标

(1) 提高预防砷中毒的安全意识。

(2) 提高实验室安全操作意识。

(3) 增强环境保护意识。

任务描述

学习国家标准《食品中总砷及无机砷的测定》(GB/T 5009.11—2003)规定的第一法，运用湿法消解处理腐乳样品，氢化物原子荧光光度法完成腐乳中总砷含量的测定，并完成实验报告。要求整个实验过程注意实验试剂的安全，提高节约意识，加强环保意识。

任务流程

完成本任务的流程如图3-13所示。

实验准备 ——→ 样品消化 ——→ 仪器分析 ——→ 打印实验结果 ——→ 考核评价

图3-13 腐乳中总砷测定流程

任务分析

国家标准《食品中总砷及无机砷的测定》(GB/T 5009.11—2003)标明，氢化物原子荧光光度法的检出限为0.01 mg/kg，线性范围为0 ng/mL～200 ng/mL。发酵性豆制品卫生标准GB 2712—2003中规定：腐乳中总砷含量应小于或等于0.5 mg/kg。可以运用GB/T 5009.11—2003中规定的氢化物原子荧光光度法完成本任务，达到学习目标。

知识储备

一、砷的基本情况及其毒性

1. 砷的存在形态

元素砷在自然环境中极少，不溶于水，因而无毒。但其极易被氧化成剧毒的三氧化二砷(即砒霜)，砷的化合物在自然环境中广泛存在，砷化合物分为无机砷化合物和有机砷化合物，无机砷化合物在自然界中主要以三氧化二砷(砒霜)、硫化砷(雄黄)、三硫化二砷(雌黄)、硫砷化铁(砷黄铁矿)等形式存在。

2. 砷对食物的污染途径

砷对食物的污染常见的有砷酸铅、砷酸钙、亚砷酸钠和三氧化二砷等含砷农药的使用，应用这些农药喷洒作物距收获期太近，就会残留较多的含砷农药。食品加工时，当使用一些含砷的化学添加剂作原料时，由于原料被砷污染了，使所加工的食品也受到不同程度的污染。环境中砷的污染也会造成对食品的污染，如砷矿的开采和熔炼，各种混杂砷的非铁金属的熔炼，含砷农药的生产和用砷化物作原料的玻璃(脱色)、皮毛(脱毛)、木材(防腐)、颜料(巴黎绿)，海洋甲壳纲动物对砷有很强的浓集能力，可浓缩水体中的砷高达 3 300 倍，在各种食品中，发现海产品中总砷含量最高，但主要是有机砷，无机砷含量较低。

3. 砷的毒理作用

砷的毒作用机理主要是无机砷进入体内，通过甲基化作用，转化为多种有机砷化物，主要包括甲基砷酸(MMA)和二甲基砷酸(DMA)。无机砷化物的毒性一般大于有机砷化物，无机砷以三价砷毒性最强。砷化物可以导致细胞染色体异常和基因突变，可以改变某些基因的表达，甚至导致癌症的发生。调查表明，长期暴露在含砷高的环境中，可以引起急性、慢性砷中毒，并致畸、致突变和致癌。许多国家和地区的流行病资料证实无机砷是人类致癌物，会引起典型的皮肤损害，最常见的是引起皮肤色素沉着和过度角化。

在食品安全方面，砷元素作为一种常见的有毒有害元素，一直是人们关注的重点。不同形态的砷化物无论对环境样品还是食品都有重要影响，因此进行砷的检测分析是非常有必要的。

二、原子荧光光谱分析基础

1. 原子荧光光谱的产生和特性

（1）原子荧光光谱的产生　气态和基态原子核外层电子吸收了特征频率的光源辐射后被激发至第一激发态或较高的激发态，在瞬间又跃迁回基态或较低能态(见图 3-14)。若跃迁过程以光辐射的形式发射出与所吸收的特征频率相同或不同的光辐射，即产生原子荧光。原子荧光是光致发光，当光辐射停止激发时，荧光发射就立即停止。

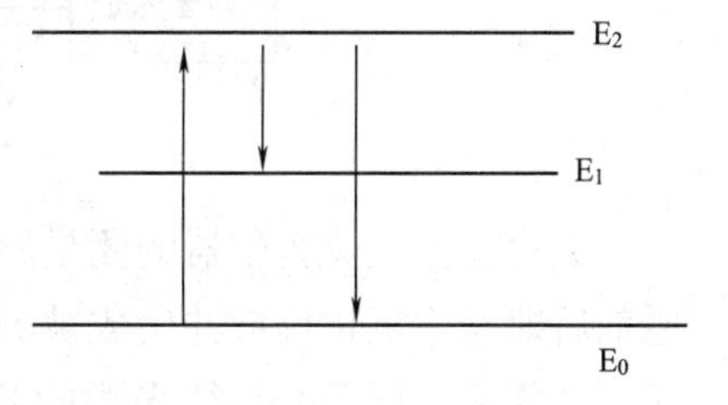

图 3-14　原子荧光示意图
E_0—基态原子　E_1—较低能态原子
E_2—激发态原子

（2）原子荧光的类型　原子荧光可归纳为三种基本类型，即共振荧光、非共振荧光和敏化荧光。共振荧光跃迁概率最大，荧光强度最大，并且用普通线光源即可获得相当高的辐射密度，因此大多数分析工作涉及共振荧光。敏化荧光和非共振荧光因其产生的荧光辐射密度低，很少用于分析。

（3）原子荧光光谱分析的定量关系　原子荧光光谱分析是用激发光源照射含有一定浓度的待测元素的原子蒸气，从而使基态原子跃迁到激发态，然后去激发回到较低能态或基态，发出原子荧光，测定原子荧光的强度即可求得待测样品中该元素的含量。当光源强度稳定、辐射光平行、自吸可忽略，发射荧光的强度 I_f 正比于基态原子对特定频率吸收光的吸收强度 I_a，即

$$I_f = \Phi I_a$$

在理想情况下：

$$I_f = \Phi I_0 A K_0 l N = Kc$$

式中，I_0为原子化火焰单位面积接收到的光源强度；A为受光照射在检测器中观察到的有效面积；K_0为峰值吸收系数；l为吸收光程；N为单位面积内的基态原子数；c为待测样品的浓度。

（4）氢化物原子荧光法基础

1）氢化物发生概述。碳、氢、氧元素的氢化物是共价化合物。As、Sb、Bi、Se、Ge、Pb、Sn、Te元素的氢化物具有挥发性，通常情况下为气态，借助载气流可以方便地将其导入原子光谱分析系统的原子化器或激发光源之中，进行定量光谱测量。此方法是测定这些元素的最佳样品引入方式。

2）氢化物发生方法（硼氢化钠—酸体系）。1972年，Braman等人首先用硼氢化钠作为还原剂发生了AsH_3、SbH_3，进行直流辉光光谱测量。以砷为例，反应如下：

$$NaBH_4 + 3H_2O + H^+ \rightarrow H_3BO_3 + Na^+ + 8H(\text{新生态氢})$$

$$8H + 2As^{3+} = 2AsH_3\uparrow + H_2\uparrow$$

三、原子荧光光谱仪

原子荧光光谱仪器的结构由四部分组成，即激发光源、光学系统、原子化系统和测光系统。由于测量的是原子荧光，为了避免激发光源的光线直接进入检测器，光源和检测器不能在同一轴线上，但所产生的原子荧光辐射强度在各个方向几乎相同。图3-15为原子荧光光谱仪的基本结构。

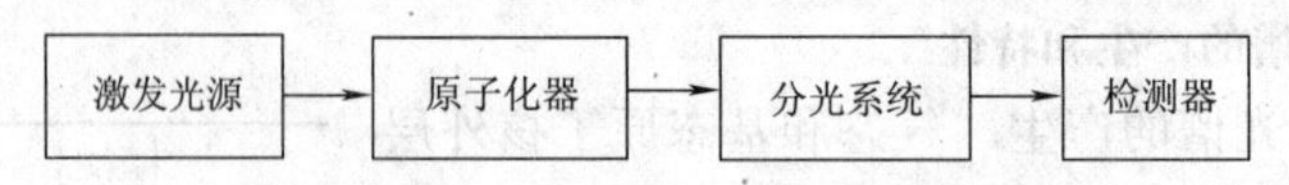

图3-15　原子荧光光谱仪的基本结构

氢化物原子荧光仪器的测量原理：将被测元素的酸性溶液引入氢化物发生器中，加入还原剂后即发生氢化反应并生成被测元素的氢化物；元素氢化物进入原子化器后即解离成被测元素的原子；原子受特征光源的照射后产生荧光；荧光信号通过光电检测器被转变为电信号，由检测系统检出。氢化物原子荧光仪器原理如图3-16所示。

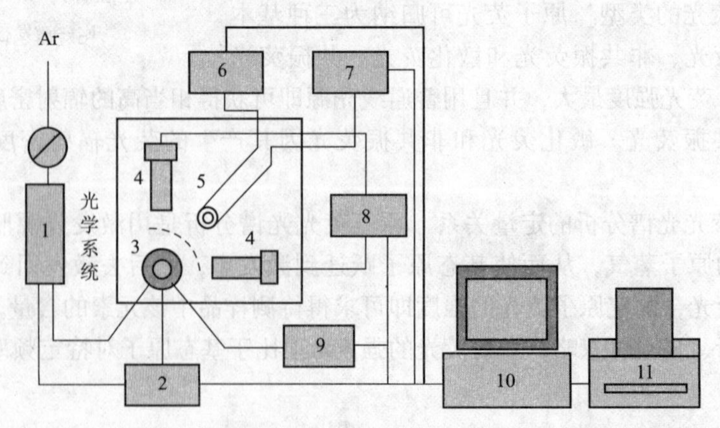

图3-16　氢化物双道原子荧光光度计仪器原理

1—气路系统　2—氢化物发生系统　3—原子化器　4—激发光源　5—光电倍增管　6—前放　7—负高压　8—灯电源　9—炉温控制　10—控制及数据处理系统　11—打印机

四、湿灰化法介绍

湿灰化法又称湿消解法，该法利用氧化性酸和氧化剂对有机物进行氧化、水解，以分解有机物。湿消解法的实质可以理解为连续的氧化-水解过程。湿消解法中最常用的氧化性酸和氧化剂有 H_2SO_4、HNO_3、$HClO_4$、H_2O_2。单一的氧化性酸在操作中不易完全将试样分解，并且在操作时容易产生危险，因此日常工作中多将两种或两种以上氧化剂或氧化性酸联合使用，以发挥各自的作用，使有机物能够高速、平稳地分解。

湿消解法反应温度较低，并且应用了大量的酸，可以很大程度上将所有元素转化为不挥发的形式，但某些元素仍有挥发损失问题，实际操作中应给予重视。

五、氢化物原子荧光光度法测砷含量的原理

样品经湿消解或干灰化后，加入硫脲使五价砷还原为三价砷，再加入硼氢化钠或硼氢化钾使其还原生成砷化氢，由氩气载入石英原子化器中分解为原子态砷，在特定砷空心阴极灯发射光激发下产生原子荧光，其荧光强度在固定条件下与被测液中的砷浓度成正比，与标准系列比较定量。由于原子荧光法采用气-液分离装置，将大部分底质留在液相，避免了多种因素的干扰。

六、腐乳中砷含量的限量标准

根据我国发酵性豆制品卫生标准 GB 2712—2003 的规定，腐乳中总砷含量应小于或等于 0.50 mg/kg。

任务实施

一、实验准备

1. 仪器设备

原子荧光光度计。

2. 试剂器材

（1）氢氧化钠溶液　2 g/L。

（2）硼氢化钠($NaBH_4$)溶液(10 g/L)　称取硼氢化钠 10.0 g，溶于 2 g/L 氢氧化钠溶液 1 000 mL 中混匀。

（3）硫脲溶液　50 g/L。

（4）硫酸溶液(1 +9)　量取硫酸 100 mL，小心倒入 900 mL 水中，混匀。

（5）氢氧化钠溶液　100 g/L。

（6）砷标准储备液　含砷 0.1 mg/mL。将三氧化二砷(As_2O_3)放在 100 ℃的干燥箱干燥 2 h，精确称取 0.132 0 g，加 100 g/L 氢氧化钠 10 mL 溶解，用适量水转入 1 000 mL 容量瓶中，加硫酸(1 +9)25 mL，用水定容至刻度。

（7）砷标准使用液　含砷 1 μg/mL。吸取 1.00 mL 砷标准储备液于 100 mL 容量瓶中，用水稀释至刻度。

（8）湿消解试剂　硝酸、硫酸、高氯酸。

注意：砷标准使用液应当日配制使用。

配制 100 g/L 的氢氧化钠溶液时，由于浓度较大，氢氧化钠溶解放热易导致烧杯破裂，注意安全！

二、前处理

称取试样 1 ~ 2.5 g，置 50 ~ 100 mL 锥形瓶中，同时做两份试剂空白。加硝酸 20 ~ 40 mL，硫酸 1.25 mL，摇匀后放置过夜，然后置于电热板上加热消解。若消解液处理至 10 mL 左右时仍有未分解物质或色泽变深，取下放冷，补加硝酸 5 ~ 10 mL，再消解至 10 mL左右观察，如此反复操作两三次，注意避免炭化。如仍不能消解完全，则加入高氯酸 1 ~ 2 mL，继续加热至消解完全后，再持续蒸发至高氯酸的白烟散尽，硫酸的白烟开始冒出。冷却，加水 25 mL，再蒸发至冒硫酸白烟。冷却，用水将内容物转入 25 mL 容量瓶或比色管中，加入 50 g/L 硫脲 2.5 mL，补水至标尺并混匀，备测。

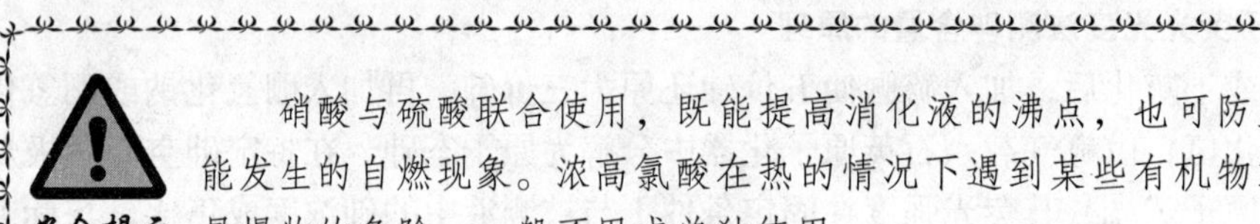

三、测定

1. 制备标准系列

取 25 mL 容量瓶或比色管 6 支，按表 3-67 依次准确加入砷使用标准液(1 μg/mL)、硫酸(1 +9)、硫脲(50 g/L)溶液，然后补加水至刻度，混匀备测。

表 3-67　标准系列制备

试管号(总体积 25 mL)	1	2	3	4	5	6
砷标准液体积/mL	0	0.05	0.2	0.5	2.0	5.0
硫酸/mL	12.5	12.5	12.5	12.5	12.5	12.5
硫脲/mL	2.5	2.5	2.5	2.5	2.5	2.5
砷标准系列浓度/(ng/mL)	0	2.0	8.0	20.0	80.0	200.0

2. 设定仪器条件

(1) 光电管倍增压　400 V。

(2) 砷空心阴极灯电流　35 mA。

(3) 原子化器温度　820 ~ 850 ℃；高度 7 mm。

(4) 氩气流速　600 mL/min。

(5) 测量方式　荧光强度或浓度直读。

(6) 读数方式　峰面积。

(7) 读数延迟时间　1 s。

(8) 读数时间　15 s。

(9) 硼氢化钠溶液加入时间　5 s。

(10) 标液或样液加入体积　2 mL。

光电倍增管的作用是把光信号转换成电信号，并通过放大器将信号放大。放大倍数与加在光电倍增管两端的电压(负高压)有关，在一定范围内负高压与荧光信号(荧光强度 I_f)成正比。据文献介绍，当光电倍增管负高压为 200 ~ 500 V 时，光电倍增管的信号(S)与噪声

(N)的比值恒定。在满足分析要求的前提下，尽量不要将光电倍增管的负高压设置太高。

灯电流的大小决定激发光源发射强度的大小，在一定范围内，随灯电流增加，荧光强度增大。但灯电流过大，会发生自吸现象，并且噪声增大，同时灯的寿命缩短。

原子化器高度是指原子化器顶端到透镜中心水平线的垂直距离。其指示的高度数值越大，原子化器高度越低，氩气火焰的位置越低。

3. 样品测定

依照上述参考条件设定测量条件(仪器自动方式测量)，预热 20 min，输入试样量(g 或 mL)；稀释体积(mL)；进样体积(mL)；结果的浓度单位；标准系列各点的重复测量次数；标准系列的点数(不计零点)，各点的浓度值。首先进入空白值测定状态，连续用标准系列的“0”管进样以获得稳定的空白值并执行自动扣底后，再依次测标准系列(此时“0”管需要再测一次)。在测样液前，需再进入空白值测量状态，先用标准系列“0”管测试使读数复原并稳定后，再用两个试剂空白各进一次样，让仪器取其平均值作为扣底的空白值，随后即可依次测试样。测定完毕后退回主菜单，选择“打印报告”即可将测定结果打出。

四、计算实验结果，完成实验报告

先对标准系列的结果进行回归运算(由于测量时“0”管强制为 0，故零点值应该输入以占据一个点位)，然后根据回归方程求出试剂空白液和试样被测液的砷浓度，再按式(3-2)计算试样的含量。

$$X=\frac{C_1-C_0}{m}\times\frac{25}{1\ 000} \tag{3-2}$$

式中　X——试样的砷含量(mg/kg 或 mg/L)；

C_1——试样被测液的浓度(ng/mL)；

C_0——试样空白液的浓度(ng/mL)；

m——试样的质量或体积(g 或 mL)。

计算结果保留两位有效数字。

五、原子荧光分析中的注意事项

1. 试剂纯度

1）建议使用阻值在 18 MΩ 以上的纯净水。

2）盐酸、硝酸等酸中常含有杂质(砷、铅、汞等)，实验中必须采用较高纯度的酸。实验之前必须认真挑选，可将待使用的酸按标准空白的酸度在仪器上进行测试。挑选较低荧光强度值的酸，空白值过高，会影响工作曲线的线性，方法的检出限和测定的准确度。

3）还原剂[硼氢化钠(钾)]的含量应大于或等于 95%。

硼氢化钠溶液中含有一定量的氢氧化钾，是为了保证溶液的稳定性。氢氧化钠的浓度一般为 0.2%～0.5%，过低的浓度不能有效防止硼氢化钠的分解，过高的浓度会影响氧化还原反应的总体酸度。配制后的还原剂应避免阳光照射，密闭保存，以免引起分解产生较多的气泡，影响测定精度。特别应注意的是配制时，要先把氢氧化钠(钾)溶于水中，然后再将硼氢化钠(钾)加入该碱性溶液中，硼氢化钠(钾)的浓度按具体实验要求确定。宜现配现用。

4）氢化物原子荧光分析实验中，不仅要考虑试剂中被测元素的含量，还要考虑试剂中干扰元素的含量对实验的影响。

2. 污染

（1）容器污染　容器污染是指实验室所用容器如容量瓶、烧杯、比色管、移液管等曾经盛装过某种物质未清洗干净而造成污染，还有洗净的器皿由于长时间放置而吸附了空气中的污染物。容易造成污染的元素有汞、砷、铅、锌等。

解决办法：玻璃器皿要在 1∶1 的硝酸溶液中浸泡 12 h 以上，使用前用自来水冲洗干净后，再用纯水冲洗 3 ~4 遍。沾污严重的器皿可考虑采用超声、氧化性强的洗液浸泡、增温等手段清洗。即使器皿已清洗干净，使用前最好也用纯净水重新冲洗，以避免放置过程中的污染。不能清洗干净的容器，最好是报废停用或做其他用途。

（2）试剂污染　试剂由于使用、保存不当，容易造成外界的污染物进入试剂中。

解决办法：用移液管吸取试剂前要把移液管清洗干净并保持干燥，盛放试剂的器皿要用完即刻密封好。此外，盛放试剂的容器本身的材质应不含污染物或不易溶出污染物。

（3）环境污染　环境污染指室内空气、水源被污染。由于样品、试剂存放不当或长期积累容易造成实验环境被污染。因此平时应注意保持实验室的通风、清洁，不存放易污染、挥发性强的物质。已经造成污染的应请有关专家进行处理。

（4）仪器使用中产生的污染　实验中要避免仪器产生污染，影响氢化物原子荧光仪的测量准确性。氢化物原子荧光仪是用来进行痕量分析的仪器，如果进行很高含量的样品的测试，会造成仪器的污染。操作中应尽量先排查样品，尽量在未上机测试前把样品稀释。如已发生污染，要停止测试，立即清洗反应系统的管道、原子化器等。

任务考核

根据表 3-68 进行任务考核。

表 3-68　腐乳中总砷测定任务考核

考核项目	考核内容	评价依据	评分标准	
			个人评分	教师评分
过程考核	实验准备	正确配制相关试剂		
	样品前处理	消化操作正确，所得消化液澄清透明		
		准确稀释与定容消化液		
	测定	教师观察，正确设置原子荧光分析仪参数		
	记录数据，计算结果	教师检查实验记录单		
		所得实验结果在接受范围内		
职业素养	团结协作能力	小组合作及咨询记录		
	安全意识	操作过程中注意安全操作，实验完毕处置废液方式合理		

知识拓展

一、除硼氢化钠—酸体系外，氢化物发生的其他方法

1. 金属—酸还原体系

金属—酸还原体系即 Marsh 反应，用金属锌作还原剂，反应如下：

$$Zn + 2HCl \longrightarrow ZnCl_2 + 2H.$$

$$nH. + M^{m+} \rightarrow MH_n + H_2 \uparrow（m 等于或不等于 n）$$

式中“H.”为初生态氢。

这种反应只能发生砷化氢，而且反应速度很慢，大约要 10 min，必须借助捕集器才能用于分析测试。这种方法存在一些难以克服的缺点：能发生氢化物的元素较少；包括预还原在内的时间过长，难以实现自动化；干扰较为严重。

2. 碱性模式

在碱性试样底液中引入硼氢化钠和酸来进行氢化反应，称为“碱性模式”。

邱德仁等的工作表明，各氢化元素都可通过碱性氢化反应产生氢化物，与酸性模式相比，Ge、Sn、As、Se、Te 产率相同，Pb 的产率相近，Bi 的产率较低。在 NaOH 强碱性介质中，氢化元素形成可溶性含氧酸盐，铁、铂、铜族元素都不能以可溶性盐类存在于溶液中与氢化元素共存，因此采用碱性模式能够排除这些元素的严重化学干扰。

3. 电化学方法

利明曾报道了用电化学方法来发生氢化物的新方法，即在 5% KOH 碱性介质中，用电解法在铂电极上还原砷和锡，然后将生成的 AsH_3 和 SnH_4 导入原子化器进行原子吸收测定，这种方法空白较低，选择性好，值得注意。

二、银盐法测定食品中砷的含量

1. 测定原理

试样经消化后，以碘化钾、氯化亚锡将高价砷还原为三价砷，然后与锌粒和酸产生的新生态氢生成砷化氢，经银盐溶液吸收后，形成红色胶态物，与标准系列比较定量。

2. 仪器设备

1）分光光度计。

2）测砷装置（见图 3-17）。

3. 试剂器材

1）硝酸。

2）硫酸。

3）盐酸。

4）氧化镁。

5）无砷锌粒。

6）硝酸—高氯酸混合溶液（4 + 1）：量取 80 mL 硝酸，加 20 mL 高氯酸，混匀。

7）硝酸镁溶液（150 g/L）：称取 15 g 硝酸镁 [$Mg(NO_3)_2 \cdot 6H_2O$] 溶于水中，并稀释至 100 mL。

8）碘化钾溶液(150 g/L)：储存于棕色瓶中。

9）酸性氯化亚锡溶液：称取 40 g 氯化亚锡 ($SnCl_2 . 2H_2O$)，加盐酸溶解并稀释至 100 mL，加入数颗金属锡粒。

10）盐酸(1 + 1)：量取 50 mL 盐酸加水稀释至 100 mL。

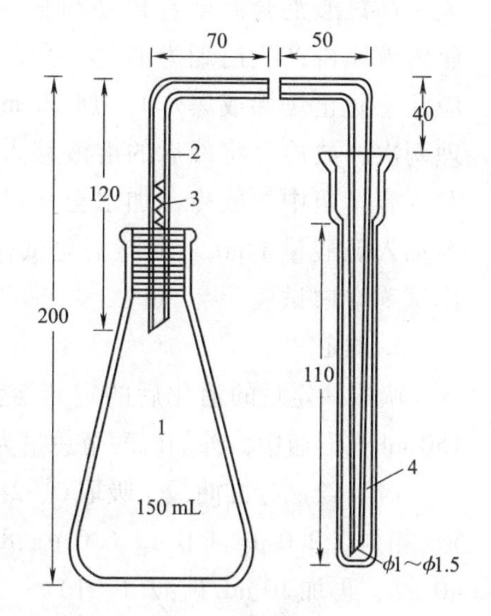

图 3-17　银盐法测砷装置

1—150 mL 锥形瓶　2—导气管

3—乙酸铅棉花　4—10 mL 刻度离心管

11）乙酸铅溶液(100 g/L)。

12）乙酸铅棉花：用乙酸铅溶液(100 g/L)浸透脱脂棉后，压除多余溶液，并使其疏松，在100 ℃以下干燥后，储存于玻璃瓶中。

13）氢氧化钠溶液(200 g/L)。

14）硫酸(6+94)：量取6.0 mL硫酸加于80 mL水中，冷后再加水稀释至100 mL。

15）二乙基二硫代氨基甲酸银-三乙醇胺-三氯甲烷溶液：称取0.25 g二乙基二硫代氨基甲酸银[$(C_2H_5)_2NCS_2Ag$]置于乳钵中，加少量三氯甲烷研磨，移入100 mL量筒中，加入1.8 mL三乙醇胺，再用三氯甲烷分次洗涤乳钵，洗液一并移入量筒中，再用三氯甲烷稀释至100 mL，放置过夜。滤入棕色瓶中储存。

16）砷标准储备液：准确称取0.132 0 g在硫酸干燥器中干燥过的或在100 ℃干燥2 h的三氧化二砷，加5 mL氢氧化钠溶液(200 g/L)，溶解后加25 mL硫酸(6+94)，移入1 000 mL容量瓶中，加新煮沸并冷却的水稀释至刻度，储存于棕色玻塞瓶中。此溶液每毫升相当于0.10 mg砷。

17）砷标准使用液：吸取1.0 mL砷标准储备液，置于100 mL容量瓶中，加1 mL硫酸(6+94)，加水稀释至刻度，此溶液每毫升相当于1.0 μg砷。

4. 硝酸—高氯酸—硫酸法处理试样

对于酱、酱油、醋、冷饮、豆腐、腐乳、酱腌菜等，称取10.00 g或20.00 g试样(或吸取10.0 mL或20.0 mL液体试样)，置于250~500 mL定氮瓶中，加数粒玻璃珠、10~15 mL硝酸-高氯酸混合液，放置片刻，小火缓缓加热，待作用缓和，放冷。沿瓶壁加入5 mL或10 mL硫酸，再加热，至瓶中液体开始变成棕色时，不断沿瓶壁滴加硝酸-高氯酸混合液至有机质分解完全。加大火力，至产生白烟，待瓶口白烟冒净后，瓶内液体再产生白烟为消化完全，该溶液应澄清无色或微带黄色，放冷(在操作过程中应注意防止爆沸或爆炸)。加20 mL水煮沸，除去残余的硝酸至产生白烟为止，如此处理两次，放冷。将冷后的溶液移入50 mL或100 mL容量瓶中，用水洗涤定氮瓶，洗液并入容量瓶中，放冷，加水至标尺，混匀。定容后的溶液每10 mL相当于1 g试样，相当加入硫酸量1 mL。取与消化试样相同量的硝酸-高氯酸混合液和硫酸，按同一方法作试剂空白试验。

5. 测定

吸取一定量的消化后的定容溶液(相当于5 g试样)及同量的试剂空白液，分别置于150 mL锥形瓶中，补加硫酸至总量为5 mL，加水至50~55 mL。

(1) 绘制标准曲线　吸取0、2.0 mL、4.0 mL、6.0 mL、8.0 mL、10.0 mL砷标准使用液(相当0、2.0 μg、4.0 μg、6.0 μg、8.0 μg、10.0 μg)，分别置于150 mL锥形瓶中，加水至40 mL，再加10 mL硫酸(1+1)。

(2) 试样测定　向试样消化液、试剂空白液及砷标准溶液中各加3 mL碘化钾溶液(150 g/L)、0.5 mL酸性氯化亚锡溶液，混匀，静置15 min。各加入3 g锌粒，立即分别塞上装有乙酸铅棉花的导气管，并使管尖端插入盛有4 mL银盐溶液的离心管中的液面下，在常温下反应45 min后，取下离心管，加三氯甲烷补足4 mL。用1 cm比色杯，以零管调节零点，于波长 520 nm 处测吸光度，绘制标准曲线。

6. 计算结果

试样中砷的含量按式（3-3）计算。

$$X=\frac{(A_1-A_2)\times 1\,000}{m\times V_2/V_1\times 1\,000} \tag{3-3}$$

式中　X——试样中砷的含量(mg/kg 或 mg/L)；

A_1——测定用试样消化液中砷的质量(μg)；

A_2——试剂空白液中砷的质量(μg)；

m——试样质量或体积(g 或 mL)；

V_1——试样消化液的总体积(mL)；

V_2——测定用试样液的体积(mL)。

计算结果保留两位有效数字。

在重复性条件下获得的两次独立测定结果的绝对差值不得超过算术平均值的 10%。

思考与练习

1. 测量误差产生的原因有哪些？

2. 在选用分析方法进行元素分析时，结合试样性质、待测元素和定量方法等应考虑哪些问题加以权衡？

3. 湿消化法处理样品时应注意哪些问题？

4. 氢化物原子荧光光度计法测定元素砷含量的原理是什么？

5. 应用氢化物原子荧光光度法测定砷含量时为什么要加入硫脲？不加可以吗？

6. 给你一个未知样品，应用原子荧光光度计测定样品中的砷含量时，在没有仪器参数可参考的情况下，设置仪器参数应考虑哪些因素？

任务五　腐乳中铅的测定

学习目标

1. 知识目标

（1）了解铅的污染来源。

（2）理解铅污染对人体健康的危害。

（3）掌握原子吸收光谱分析原理。

（4）理解石墨炉原子化法。

（5）理解石墨炉原子吸收测定铅的原理。

（6）掌握湿灰化法操作步骤。

（7）理解石墨炉原子吸收仪器设置参数的含义。

2. 能力目标

（1）会运用湿法灰化消化腐乳样品。

(2) 会运用石墨炉原子吸收分光光度计检测食品中铅含量。

(3) 会运用工作曲线法计算样品中铅含量。

3. 情感态度价值观目标

(1) 提高预防铅中毒的安全意识。

(2) 提高实验室安全操作意识。

(3) 增强环境保护意识。

任务描述

采用 GB/T 5009.12—2010 规定的第一方法石墨炉原子吸收法测定腐乳中铅的含量。

任务流程

完成本任务的流程如图 3-18 所示。

实验准备 ——→ 样品消化 ——→ 仪器分析 ——→ 打印实验结果 ——→ 考核评价

图 3-18　腐乳中铅含量的检验流程

知识储备

一、重金属铅污染途径及危害

通过食物进入人体危害健康的重金属元素主要有汞、镉、铅、铬、砷、锌和锡等。其中，砷虽属非金属元素，但根据其化学性质，又鉴于其毒性，一般也将它列为重金属元素。这些重金属元素对人类的危害有所不同，可将它们区分为中等毒性(Cu、Sn、Zn 等)和毒性很强的元素（Hg、As、Cd、Pb、Cr 等）成分。食品中的有毒重金属元素，少部分为天然存在，大部分主要是在食品生产、加工、储运等过程中受到污染而产生的。此外，随着社会工农业的发展，工业废水和城市生活污水污染及矿山和冶金工业的重金属污染使河流湖泊水质急剧下降。污染物中的重金属不易降解，在水体中被水生生物富集，通过食物链对人体造成威胁。通过食物链，重金属的浓度提高了千万倍，最后进入人体造成严重危害。

铅为生物体非必需元素，也是微量毒性元素，在动物体中作用于全身。铅对人体许多系统都有损害，主要表现为神经系统、造血系统和消化系统。中毒性脑病是铅中毒的最严重表现，表现增生性脑膜炎或局部脑损害等综合症状。血铅浓度超过 0.4 μg/mL 对骨髓产生毒性，干扰造血机能，铅能影响卟啉代谢，抑止血红蛋白的合成，并有溶血作用，引起继发性贫血。铅中毒还常有食欲缺乏、胃肠炎、便秘、腹泻、腹绞痛等症状，重症可出现出血性肠炎，黏膜坏死脱落形成糜烂或溃疡。在齿龈内、外侧边缘出现蓝黑色线带即“铅线”。此外，铅可导致肝硬化，甚至肝急性坏死。对心、肾、肺、生殖系统及内、外分泌系统，甚至免疫系统均有危害。四乙基铅可引起小鼠肝癌变。铅可透过胎盘，损害胎儿。铅对儿童危害很大，影响智力发育，严重的造成高度的脑障碍。

二、石墨炉原子吸收光谱分析基础

1. 石墨炉原子吸收光谱分析原理

原子吸收光谱法(Atomic Absorption Spectrometry, AAS)是在 20 世纪 50 年代中期出现并逐渐发展起来的一种仪器分析方法，其分析原理是将光源辐射出的待测元素的特征光谱通过样品的蒸汽时，被蒸汽中待测元素的基态原子所吸收，由发射光谱被减弱的程度，进而求得样品中待测元素的含量。由石墨炉作原子化器的原子吸收分析法称为石墨炉原子吸收光谱法(GFAAS)。

2. 原子吸收光谱仪定量基础

原子吸收技术如今已成为元素分析方面很受欢迎的一种方法。按朗比定律计算，吸收值与火焰中游离原子的浓度成正比，即

$$吸收值 = \mathrm{Log}_{10}(I_0/I_t) = KCL$$

式中，I_0为由光源发出的入射光强度；I_t为透过的光强度(未被吸收部分)；C 为样品的浓度(自由原子)；K 为常数(可由实验测定)；L 为光径长度。

3. 石墨炉原子化法

将试样中的被测元素转化为基态原子的过程称为原子化过程，待测元素的原子化是整个原子吸收分析中最困难和最关键的环节，原子化效率的高低直接影响到测定的灵敏度，原子化效率的稳定性则直接决定了测定的精密度。能完成待测元素转化为基态原子的装置称原子化器，目前，使用较普遍的原子化器有两类，一类是火焰原子化器，一类是石墨炉原子化器。石墨炉原子化法是将样品用进样器定量注入石墨管，以石墨管作为电阻发热体，通电后迅速升温，使试样达到原子化的目的。它由加热电源、保护气控制系统和石墨管状炉组成。外电源加于石墨管两端，供给原子化器能量，电流通过石墨管产生高达 3 000 ℃的温度，使置于石墨管中的被测元素变为基态原子蒸气。

原子吸收光谱仪主要由五大部分组成，基本结构如图 3-19 所示，工作原理图如图 3-20 所示。

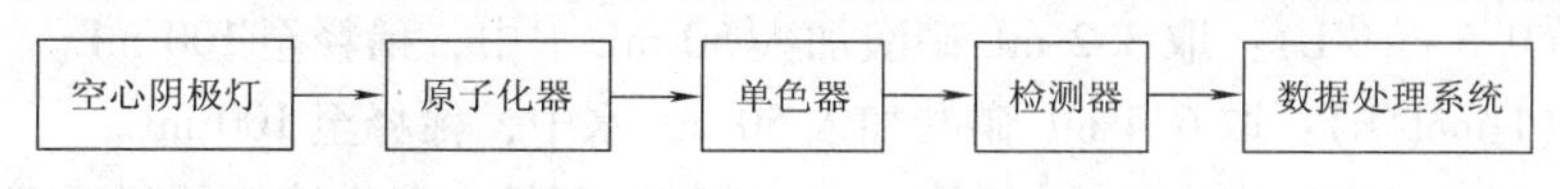

图 3-19　原子吸收光谱仪的基本结构

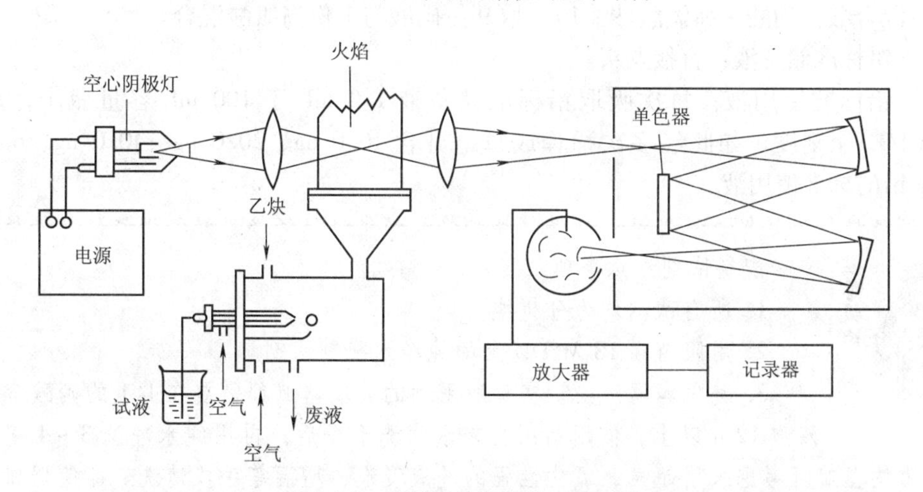

图 3-20　原子吸收光谱仪工作原理

原子吸收光谱仪有许多优点，如检出限低，其中石墨炉原子吸收法可达到10^{-10} ~10^{-14}g；准确度高，石墨炉原吸收法误差为 3% ~5%；选择性好，大多数情况下共存元素对被测元素不产生干扰；分析速度快，应用范围广，能够测定的元素达 70 多个。

三、国家标准对腐乳中铅的限量规定

发酵性豆制品卫生标准 GB 2712—2003 中规定，腐乳中总铅含量应小于或等于 1.0 mg/kg。

四、石墨炉原子吸收光谱仪检测铅原理

试样经灰化或酸消解后，注入原子吸收分光光度计石墨炉中，电热原子化后吸收283.3 nm共振线，在一定浓度范围，其吸收值与铅含量成正比，与标准系列比较定量。

任务实施

一、实验准备

1. 仪器设备

1）原子吸收光谱仪，附石墨炉和铅空心阴极灯。

2）天平：感量为1 mg。

3）干燥恒温箱。

4）可调式电热板(或可调试电炉)。

2. 试剂器材

1）硝酸：优级纯。

2）过硫酸铵。

3）过氧化氢：30%。

4）高氯酸：优级纯。

5）硝酸(1+1)：取50 mL硝酸慢慢加入50 mL水中。

6）硝酸(0.5 mol/L)：取3.2 mL硝酸加入50 mL水中，稀释至100 mL。

7）硝酸(1 mol/L)：取6.4 mL硝酸加入50 mL水中，稀释至100 mL。

8）磷酸二氢铵溶液(20 g/L)：称取2.0 g磷酸二氢铵，以水溶解稀释至100 mL。

9）混合酸：硝酸+高氯酸(9+1)。取9份硝酸与1份高氯酸混合。

10）铅标准储备液：直接购买。

11）铅标准使用液：每次吸取铅标准储备液1.0 mL于100 mL容量瓶中，加硝酸(0.5 mol/L)至刻度。如此经多次稀释成每毫升含10.0 ng、20.0 ng、40.0 ng、60.0 ng、80.0 ng铅的标准使用液。

配制试剂注意事项

1. 所有试剂均为分析纯。

2. 用阻值在18 MΩ以上的纯净水配制试剂。

3. 避免容器污染。实验所用到的玻璃器皿都需要在1∶1的硝酸溶液中浸泡12 h以上，使用前用自来水冲洗干净后，再用纯水冲洗3~4遍。沾污严重的器皿可考虑采用超声、氧化性强的洗液浸泡、增温等手段清洗。即使器皿已清洗干净，使用前最好也用纯净水重新冲洗，以避免放置过程中的污染。不能清洗干净的容器，最好是报废停用或做其他用途。

4. 避免试剂污染。首先实验中必须采用较高纯度的酸。其次用移液管吸取试剂前要把移液管清洗干净并保持干燥，盛放试剂的器皿要用完即刻密封好。此外，盛放试剂的容器本身的材质应不含污染物或不易溶出污染物。

二、前处理——湿式消解法

称取试样 1 ~ 5 g(精确到 0.001 g)于锥形瓶或高脚烧杯中，放数粒玻璃珠，加 10 mL 混合酸加盖浸泡过夜,加一小漏斗于电炉上消解,若变棕黑色,再加混合酸,直至冒白烟,消化液呈无色透明或略带黄色,放冷,用滴管将试样消化液洗入或过滤入 10 ~ 25 mL 容量瓶中,用水少量多次洗涤锥形瓶或高脚烧杯,洗液合并于容量瓶中并定容至刻度,混匀备用;同时作试剂空白。

注意:采样和制备过程中,应注意不使试样污染。

三、测定

1. 设定仪器条件

1)波长 283.3 nm。

2)狭缝 0.2 ~ 1.0 nm。

3)灯电流 5 ~ 7 mA。

4)干燥温度 120 ℃,干燥时间 20 s。

5)灰化温度 450 ℃,时间持续 15 ~ 20 s。

6)原子化温度:1 700 ~ 2 300 ℃,持续时间 4 ~ 5 s。

注意事项如下。

1)根据各自仪器性能调到最佳状态。

2)背景校正为氘灯或塞曼效应。

2. 标准系列测定

按照表 3-69 吸取所配制的标准使用液各 10 μL,注入石墨炉,测得吸光值并记录在表中。

表 3-69 标准系列测定

铅标液浓度/[ng/mL(或 μg/L)]	10.0	20.0	40.0	60.0	80.0
吸取体积/μL	10				
吸光值					

3. 试样测定

分别吸取样液和试剂空白液各 10 μL，注入石墨炉，测得其吸光值，并记录在表 3-70 中。

表 3-70 试样测定

项目	试样 1	试样 2
吸光值		

四、计算实验结果，完成实验报告

1. 绘制标准曲线，计算样液中铅含量

以待测元素的浓度 c 作横坐标，以吸光值 A 作纵坐标，绘制 A-c 标准工作曲线，求得曲线回归方程。将样品吸取液测得的吸光值带入标准系列的一元线性回归方程中求得样液中铅含量。

2. 试样中铅含量按式（3-4）进行计算

$$X = \frac{(C_1 - C_0) \times V \times 1\ 000}{m \times 1\ 000 \times 1\ 000} \tag{3-4}$$

式中　X——试样中铅含量(mg/kg 或 mg/L)；

C_1——测定样液中铅含量(ng/mL)；

C_0——空白液中铅含量(ng/mL)；

V——试样消化液定量总体积(mL)；

m——试样质量或体积(g 或 mL)。

注意事项如下。

1）对有干扰试样，可注入适量的机体改进剂磷酸二氢铵溶液消除干扰。加入体积一般为5 μL或与试样同量。

2）绘制标准曲线时不能忘记加入与试样测定时等量的机体改进剂磷酸二氢铵溶液。

3）以重复性条件下获得的两次独立测定结果的算术平均值表示，结果保留两位有效数字。

4）在重复条件下获得的两次独立测定结果的绝对差值不得超过算术平均值的30%。

任务考核

根据表3-71进行任务考核。

表3-71　腐乳中铅含量测定任务考核

考核项目	考核内容	评价依据	评分标准	
			个人评分	教师评分
过程考核	实验准备	正确配制相关试剂		
	样品前处理	消化操作正确，所得消化液澄清透明		
		准确稀释与定容消化液		
	测定	教师观察，正确设置原子吸收光谱仪参数		
	记录数据，计算结果	教师检查实验记录单		
		所得实验结果在接受范围内		
职业素养	团结协作能力	小组合作及咨询记录		
	安全意识	操作过程中注意安全操作，实验完毕处置废液方式合理		

知识拓展

一、样品消化方法介绍

1. 压力消解罐消解法

称取1～2 g(精确到0.001 g，干样、含脂肪高的试样<1 g，鲜样<2 g或按压力消解罐使用说明书称取试样）试样于聚四氟乙烯内罐，加硝酸2～4 mL浸泡过夜。再加过氧化氢(30%)2～3 mL(总量不超过罐容积的1/3)。盖好内盖，旋紧不锈钢外套，放入恒温干燥

箱，120～140 ℃保持3～4 h，在箱内自然冷却至室温，用滴定管将消化液洗入或过滤入10～25 mL容量瓶中，用水少量多次洗涤罐，洗液合并于容量瓶中并定容至标尺，混匀备用；同时作试剂空白试验。

2. 干法灰化

称取1～5 g(精确到0.001 g,根据铅含量而定)试样于瓷坩埚内，先小火在可调式电热板上炭化至无烟，移入马弗炉500 ℃±23 ℃灰化6～8 h，冷却。若个别试样灰化不彻底，则加1 mL混合酸(硝酸+高氯酸)在可调式电炉上小火加热，反复多次直到消化完全，放冷，用硝酸(0.5 mol/L)将灰分溶解，用滴定管将试样消化液洗入或过滤入(试消化后试样的盐分而定)10～25 mL容量瓶中，用水少量多次洗涤瓷坩埚，洗液合并于容量瓶中并定容至标尺，混匀备用；同时作试剂空白试验。

3. 过硫酸铵灰化法

称取1～5 g(精确到0.001 g)试样于瓷坩埚中，加2～4 mL硝酸浸泡1 h以上，先小火炭化，冷却后加2.00～3.00 g过硫酸铵盖于上面，继续炭化至不冒烟，转入马弗炉，500 ℃±25 ℃恒温2 h，再升至800 ℃，保持20 min，冷却，加2～3 mL硝酸(1 mol/L)，用滴管将试样消化液洗入或过滤入(试消化后试样的盐分而定)10～25 mL容量瓶中，用水少量多次洗涤瓷坩埚，洗液合并于容量瓶中并定容至标尺，混匀备用；同时作试剂空白试验。

二、火焰原子化法

火焰原子化法通即过火焰原子发生器完成样品的原子化。

火焰原子发生器实质是一个喷雾燃烧器，主要由三部分构成，即喷雾器(nebulizer)、雾化室(spray chamber)和燃烧器(burner)。整个装置必须能使液体分散成气溶状态，选择所需雾滴大小(排除过大的液滴)，并能将样品输送到燃烧器，使之形成原子态。这种装置便是原子吸收仪器的心脏。如果输至火焰的液滴过大，那么原子在“游离出来”发生吸收作用之前即已损失。

三、火焰原子吸收光谱法测定豆类产品中铅含量

1. 原理

试样经处理后，铅离子在一定pH条件下与二乙基二硫代氨基甲酸钠(DDTC)形成络合物，经4-甲基-2戊酮萃取分离，导入原子吸收光谱仪中，火焰原子化后，吸收283.3 nm共振线，其吸收量与铅含量成正比，与标准系列比较定量。

2. 仪器和设备

1）原子吸收光谱仪火焰原子化器。

2）天平：感量为1 mg。

3）马弗炉。

4）干燥恒温箱。

5）瓷坩埚。

6）压力消解器、压力消解罐或压力溶弹。

7）可调式电热板、可调式电炉。

3. 试剂器材

1）混合酸：硝酸+高氯酸(9∶1)。取9份硝酸与1份高氯酸混合。

2）硫酸铵溶液(300 g/L)：称取30 g硫酸铵[$(NH_4)_2SO_4$]，用水溶解并稀释至100 mL。

3）柠檬酸胺溶液(250 g/L)：称取 25 g 柠檬酸胺，用水溶解并稀释至 100 mL。

4）溴百里酚蓝水溶液(1 g/L)。

5）二乙基二硫代氨基甲酸钠(DDTC)溶液(50 g/L)：称取 5 g 二乙基二硫代氨基甲酸钠，用水溶解并加水至 100 mL。

6）氨水(1∶1)。

7）4-甲基-2-戊酮(MIBK)。

8）铅标准溶液：精确吸取铅标准储备液（1.0 mg/mL），逐级稀释至 10 μg/mL。

9）盐酸(1∶11)：取 10 mL 盐酸加入 110 mL 水中，混匀。

10）磷酸溶液(1∶10)：取 10 mL 磷酸加入 100 mL 水中，混匀。

4. 前处理

（1）干法灰化消解试样　取可食部分洗净晾干，充分切碎混匀。称取 10 ~ 20 g(精确到 0.01 g)于瓷坩埚中，加 1 mL 磷酸溶液(1 + 10)，小火炭化，然后移入马弗炉中，500 ℃以下灰化 16 h 后，取出坩埚，放冷后再加少量混合酸(硝酸 + 高氯酸)，小火加热，不使其干涸，必要时再加少许混合酸，如此反复处理，直至残渣中无炭粒，待坩埚稍冷，加 10 mL 盐酸(1 + 11)，溶解残渣并移入 50 mL 容量瓶中，再用水反复洗涤坩埚，洗液并入容量瓶中，并稀释至刻度，混匀备用。

取与试样相同量的混合酸（硝酸 + 高氯酸）和盐酸(1 + 11)，按同一操作方法作试剂空白试验。

（2）萃取分离　视试样情况，吸取 25.0 ~ 50.0 mL 上述制备的样液及试剂空白液，分别置于 125 mL 分液漏斗中，补加水至 60 mL。加 2 mL 柠檬酸铵溶液(250 g/L)，溴百里酚蓝水溶液(1 g/L)3 ~ 5 滴，用氨水(1 + 1)调 pH 至溶液由黄变蓝，加硫酸铵溶液(300 g/L) 10.0 mL，DDTC 溶液(50 g/L)10 mL，摇匀。放置 5 min 左右，加入 10.0 mL MIBK，剧烈振摇提取 1 min，静置分层后，弃去水层，将 MIBK 层放入 10 mL 带塞刻度管中，备用。分别吸取铅标准使用液 0.00、0.25 mL，0.50 mL，1.00 mL，1.50 mL，2.00 mL(相当于 0.0、2.5 μg、5.0 μg、10.0 μg、15.0 μg、20.0 μg 铅)于 125 mL 分液漏斗中。与试样相同方法萃取。

5. 测定仪器参考条件

1）空心阴极灯电流 8 mA。

2）共振线 283.3 nm。

3）狭缝 0.4 nm。

4）空气流量 8 L/min。

5）燃烧器高度 6 mm。

提示：萃取液进样，可适当减小乙炔气的流量。

6. 结果计算

试样中铅含量按式（3-5）进行计算。

$$X = \frac{(c_1 - c_0) \times V_1 \times 1\,000}{m \times V_3/V_2 \times 1\,000} \tag{3-5}$$

式中　X——试样中铅的含量(mg/kg 或 mg/L)；

c_1——测定用试样中铅的含量(μg/mL)；

c_0——试剂空白液中铅的含量(μg/mL)；

m——试样质量或体积(g 或 mL)；

V_1——试样萃取液体积(mL)；

V_2——试样处理液的总体积(mL)；

V_3——测定用试样处理液的总体积(mL)。

◆ 以重复性条件下获得的两次独立测定结果的算术平均值表示，结果保留两位有效数字。

思考与练习

1. 铅对人体有什么危害?

2. 怎样理解石墨炉原子吸收法测定食品中铅含量的原理?

3. 对于一个未知样品，应用石墨炉原子吸收法测定样品中的铅含量时，在没有仪器参数可参考的情况下，设置仪器参数应考虑哪些因素?

4. 火焰原子化和石墨炉原子化的区别在哪里?

5. 运用石墨炉原子化法测定样品中铅含量时应从哪些方面来防止污染?

任务六 酱油中黄曲霉毒素 B_1 的测定

学习目标

1. 知识目标

(1) 了解酱油中黄曲霉毒素 B_1 含量的国家标准。

(2) 理解薄层层析分析原理。

(3) 了解黄曲霉毒素的产生途径和危害。

(4) 掌握黄曲霉毒素 B_1 含量的检测方法。

(5) 掌握薄层板的制备、点样和展开的基本操作要领。

2. 能力目标

(1) 会运用制备薄层板、点样、展开等基本操作测定酱油中黄曲霉毒素 B_1 的含量。

(2) 会根据国家标准结合实验现象正确分析评价实验结果。

(3) 会分析薄层层析检测黄曲霉毒素 B_1 的含量的优点与缺点。

3. 情感态度价值观目标

(1) 认识到黄曲霉毒素检测对食品安全的重要性。

(2) 进一步增强食品安全意识、节约意识和环保意识。

任务描述

现有一瓶酱油，请通过查阅材料，运用国家标准《食品中黄曲霉毒素 B_1 的测定》(GB/T 5009.22—2003)规定的第一法检测出样品中的黄曲霉毒素 B_1 的含量，并根据《发酵性豆制品卫生标准》GB 2712—2003 对样品的卫生学做出合理评价。

任务分析

薄层板上黄曲霉毒素 B_1 的最低检出量为 0.000 4 μg，检出限为 5 μg/kg。《发酵性豆制品卫生标准》（GB 2712—2003）规定，发酵性豆制品中黄曲霉毒素 B_1 最大允许量为 5 μg/kg。《食品中黄曲霉毒素 B_1 的测定》（GB/T 5009.22—2003）第一法规定可用薄层分析法测定食品中黄曲霉毒素 B_1 的含量，因此运用薄层层析法能完成本任务。完成本任务的检验程序如图 3-21 所示。

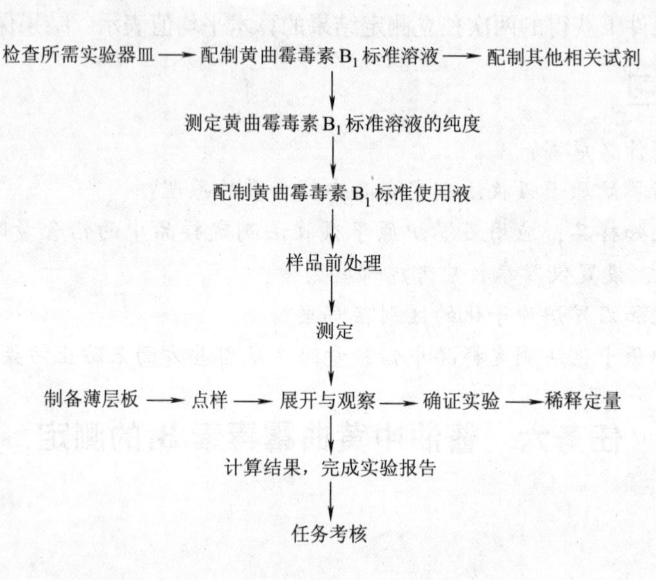

图 3-21　酱油中黄曲霉毒素 B_1 含量的测定程序

知识储备

一、黄曲霉毒素概述

黄曲霉毒素（Aflatoxin，简称 AFT）主要是由真菌黄曲霉和寄生曲霉产生的一组毒性极强的代谢产物，黄曲霉毒素存在于土壤、动物植物、各种坚果，特别是花生和核桃中，在大豆、稻谷、玉米、通心粉、调味品、牛奶、奶制品、食用油等制品中也经常发现黄曲霉毒素。因此，黄曲霉毒素对食品的污染是一个重要的公共卫生问题。黄曲霉毒素是一类结构类似的化合物，从化学结构上看，各种黄曲霉毒素结构十分相似，都含有 C、H、O 三种元素，都含有一个二呋喃环和一个氧杂萘邻酮，前者为基本毒性结构，后者与致癌有关。黄曲霉毒素在紫外线下有荧光，根据荧光的颜色及其结构分别命名为 B_1、B_2、G_1、G_2、M_1、M_2、P_1、Q_1、H_1、毒醇、GM 等。在紫外光下观察，可见到这些毒素的荧光颜色：B_1、B_2 为蓝色，G_1 为绿色，G_2 为绿蓝色，M_1 为蓝紫色，M_2 为紫色。

黄曲霉毒素的毒性与结构（见图 3-22）有关，凡二呋喃环末端有双链者毒性较强并有致癌性。其中毒性最强的有 6 种，毒性顺序是 $B_1 > M_1 > G_1 > B_2 > M_2 \neq G_2$。

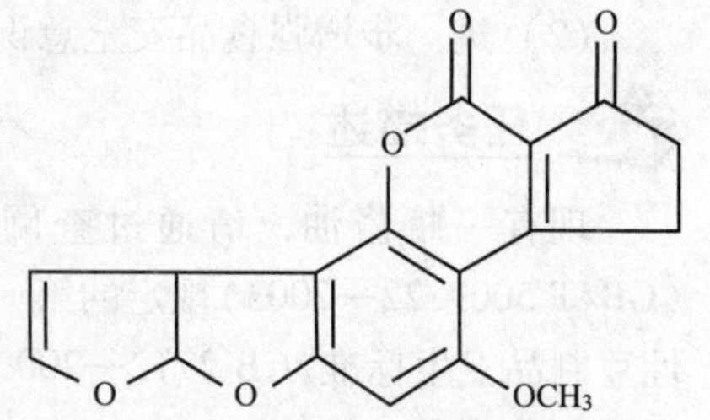

图 3-22　黄曲霉毒素 B_1 分子结构式

二、酱油中黄曲霉毒素 B_1（AFB_1）的测定意义

黄曲霉毒素是一种真菌毒素，生长及繁殖的最适宜条件：温度 25 ~ 28 ℃，水分 20% ~ 25%，相对湿度

85%以上。在该条件下 AFB_1 容易在食品或粮谷作物中快速生长、繁殖并产生毒素。当粮食未能及时晒干及贮藏不当时，往往容易被黄曲霉或寄生曲霉污染而产生黄曲霉毒素。真菌的寄生和真菌毒素的产生严重影响了农作物的产量，降低农产品的质量，同时也间接影响着以粮食为原料的其他副产品如酱油、食醋、腐乳等的质量。酱油是以大豆、小麦和(或)麸皮等为原料，经微生物发酵制成的具有特殊色、香、味的液体调味品，无论在原料上，还是在工艺上都有感染 AFB_1 的可能性。在酱油产品的出口中，AFB_1 已成为限制出口的技术壁垒。

在所有的真菌毒素中，黄曲霉毒素 B_1 的毒性、致癌性、污染频率均属首位。它是已知毒性最强的天然物质，也是所有真菌毒素中最稳定的一种。食品和饲料中黄曲霉毒素在1 mg/kg以上就有剧毒，它的毒性为氯化钾的10倍，为砒霜的68倍。食用被黄曲霉毒素严重污染的食品后可出现发热、腹痛、呕吐、食欲减退，严重者在2～3周内出现肝脾肿大、肝区疼痛、皮肤黏膜黄染、腹水、下肢浮肿及肝功能异常等中毒性肝病症状，还可能出现心脏扩大、肺水肿，甚至痉挛、昏迷等症。它主要诱使发生肝癌，也能诱发胃癌、肾癌、直肠癌及乳腺、小肠等部位的癌症。乙型肝炎病毒携带者、吸烟者等，当黄曲霉毒素暴露时可发生协同作用，使发生肝癌的倾向明显增强。因此，黄曲霉毒素 B_1 是目前公认致癌性最强物质之一。

三、黄曲霉毒素的卫生限量标准

由于种种危害，世界各国对真菌毒素的污染问题日益关注和重视，黄曲霉毒素的危害和检测也受到了前所未有的广泛关注。各国先后都制定了各种真菌毒素的限量标准。《发酵性豆制品卫生标准》GB 2712—2003 规定，发酵性豆制品中黄曲霉毒素 B_1 最大允许量为5 μg/kg。

四、薄层法测定食品中黄曲霉毒素 B_1 的含量的原理

薄层层析是把吸附剂或支持物(如氧化铝、硅胶和纤维素粉等)均匀涂布于支持板(常用玻璃板,也可用涤纶布)上形成薄层作为静相，将混合物试样滴加在薄层静相上，以液体展开剂作为流动相，试样透过毛细作用由下往上移动。由于不同的化合物与静相的吸附力和流动相间溶解度的差异，当展开剂上升流经所吸附的试样点时，吸附力弱的物质移动快，吸附力强的物质移动慢。由于各种物质移动的速率不同，使混合物在静相的薄层上分开，最后达到分离的目的。一个化合物在层析片上上升的高度与展开剂上升高度的比值是化合物在该分析条件下的特性参数，称为 R_f 值。利用 R_f 值可以判断两化合物是否为相同的化合物。除此之外，也可以用于决定混合物中至少含有多少种成分。

试样中黄曲霉毒素 B_1 经提取、浓缩、薄层分离后，在波长365 nm紫外光下产生蓝紫色荧光，根据其在薄层上显示荧光的最低检出量来测定含量。

任务实施

一、实验准备

1. 仪器设备

1）小型粉碎机。

2）样筛。

3）电动振荡器。

4）全玻璃浓缩器。

5）玻璃板：5 cm×20 cm。

6）薄层板涂布器。

7）展开槽：内长 25 cm、宽 6 cm、高 4 cm。

8）紫外光灯：100~125 W，带有波长 365 nm 滤光片。

9）微量注射器或血色素吸管。

2. 试剂材料

1）三氯甲烷。

2）正己烷或石油醚（沸程 30~60 ℃或 60~90 ℃）。

3）甲醇。

4）苯。

5）乙腈。

6）无水乙醚或乙醚经无水硫酸钠脱水。

7）丙酮。

提示：以上试剂在实验时先进行一次试剂空白试验，如不干扰测定即可使用，否则需进行重蒸。

8）硅胶 G：薄层色谱用。

9）三氟乙酸。

10）无水硫酸钠。

11）氯化钠。

12）苯-乙腈混合液：量取 98 mL 苯，加 2 mL 乙腈，混匀。

13）甲醇水溶液（55+45）。

14）黄曲霉毒素 B_1 标准溶液：

仪器校正：测定重铬酸钾溶液的摩尔消光系数，以求出使用仪器的校正因素。

准确称取 25 mg 经干燥的重铬酸钾（基准级），用硫酸（0.5+1 000）溶解后并准确稀释至 200 mL，相当于 [$c(K_2Cr_2O_7)=0.000\,4$ mol/L]。再吸取 25 mL 此稀释液于 50 mL 容量瓶中，加硫酸（0.5+1 000）稀释至标尺，相当于 0.000 2 mol/L 溶液。再吸取 25 mL 此稀释液于 50 mL 容量瓶中，加硫酸（0.5+1 000）稀释至标尺，相当于 0.000 1 mol/L 溶液。用 1 cm 石英杯，在最大吸收峰的波长（接近 350 nm）处用硫酸（0.5+1 000）作空白试验，测得以上三种不同浓度的摩尔溶液的吸光度，并按式（3-6）计算出以上三种浓度的摩尔消光系数的平均值。

$$E_1=\frac{A}{c} \tag{3-6}$$

式中 E_1——重铬酸钾溶液的摩尔消光系数；

A——测得重铬酸钾溶液的吸光度；

c——重铬酸钾溶液的摩尔浓度。

再以此平均值与重铬酸钾的摩尔消光系数值 3 160 比较，即求出使用仪器的校正因素，按式（3-7）进行计算。

$$f=\frac{3\,160}{E} \tag{3-7}$$

式中 f——使用仪器的校正因素；

E——测得的重铬酸钾摩尔消光系数平均值。

若f大于0.95或小于1.05，则使用仪器的校正因素可忽略不计。

黄曲霉毒素B_1标准溶液的制备：准确称取1～1.2 mg黄曲霉毒素B_1标准品，先加入2 mL乙腈溶液溶解后，再用苯稀释至100 mL，避光，置于4 ℃冰箱保存。该标准溶液约为10 μg/mL。用紫外分光光度计测此标准溶液的最大吸收峰的波长及该波长的吸光度值。

黄曲霉毒素B_1标准溶液的浓度按式(3-8)计算。

$$X = \frac{A \times M \times 1\ 000 \times f}{E_2} \tag{3-8}$$

式中 X——黄曲霉毒素B_1标准溶液的浓度(μg/mL)；

A——测得的吸光度值；

f——使用仪器的校正因素；

M——黄曲霉毒素B_1的分子量（312）；

E_2——黄曲霉毒素B_1在苯-乙腈混合液中的摩尔消光系数（19 800）。

根据计算，用苯-乙腈混合液调到标准溶液浓度恰为10.0 μg/mL，并用分光光度计核对其浓度。

纯度的测定：取5 μL 10 μg/mL黄曲霉毒素B_1标准溶液，滴加于涂层厚度0.25 mm的硅胶G薄层板上，用甲醇-三氯甲烷(4+96)与丙酮-三氯甲烷(8+92)展开剂展开，在紫外光灯下观察荧光的产生。

15）黄曲霉毒素B_1标准使用液：准确吸取1 mL标准溶液(10 μg/mL)于10 mL容量瓶中，加苯-乙腈混合液至刻度，混匀。此溶液每毫升相当于1.0 μg黄曲霉毒素B_1。吸取1.0 mL此稀释液，置于5 mL容量瓶中，加苯-乙腈混合溶液稀释至刻度，此溶液每毫升相当于0.2 μg黄曲霉毒素B_1。再吸取黄曲霉毒素B_1标准溶液(0.2 μg/mL)1.0 mL置于5 mL容量瓶中，加苯-乙腈混合溶液稀释至刻度。此溶液每毫升相当于0.04 μg黄曲霉毒素B_1。

荧光应符合的条件：

1. 在展开后，只有单一的荧光点，无其他杂质荧光点。

2. 原点上没有任何残留的荧光物质。

16）次氯酸钠溶液：取100 g漂白粉，加入500 mL水，搅拌均匀。另将80 g工业用碳酸钠($Na_2CO_3 \cdot 10H_2O$)溶于500 mL温水中，再将两溶液混合、搅拌，澄清后过滤。此溶液含次氯酸钠浓度约为25 g/L。若用漂粉精制备，则碳酸钠的量可以加倍，所得溶液的浓度约为50 g/L。污染的玻璃仪器用10 g/L次氯酸钠溶液浸泡半天或用50 g/L次氯酸钠溶液浸泡片刻后，即可达到去霉效果。

二、样品前处理

称取10.00 g试样于小烧杯中，为防止提取时乳化，加0.4 g氯化钠，移入分液漏斗中，用15 mL三氯甲烷分次洗涤烧杯，洗液并入分液漏斗中，振摇2 min，静置分层，如出现乳化现象可滴加甲醇促使分层。放出三氯甲烷层，经盛有约10 g预先用三氯甲烷湿润的无水硫酸钠的定量快速滤纸过滤于50 mL蒸发皿中，再加5 mL三氯甲烷于分液漏斗中，重复振摇提取，三氯甲烷层一并滤于蒸发皿中，最后用少量三氯甲烷洗过滤器，洗液并于蒸发皿中。将蒸发皿放在通风柜于65 ℃水浴上通风挥干，然后放在冰盒上冷却2～3 min后，准确加入1 mL苯-乙腈混合液（或将三氯甲烷用浓缩蒸馏器减压吹气蒸干后，准确加入1mL苯-乙腈混合液）。用带橡皮头的滴管的管尖将残渣充分混合，若有苯的结晶析出，将蒸发皿从冰盒上取出，继续溶解，混合，晶体即消失，再用此滴管吸取上清液转移于2 mL具塞试管中。最后加入2 mL苯-乙腈混合液。此溶液每毫升相当于4 g试样。

试样中污染黄曲霉毒素高的霉粒一粒可以左右测定结果，而且有毒霉粒的比例小，同时分布不均匀。为避免取样带来的误差，应大量取样，并将该大量试样粉碎，混合均匀，才有可能得到确能代表一批试样的相对可靠的结果。

取样注意事项：

1. 根据规定采取有代表性试样。

2. 局部发霉变质的试样检验时，应单独取样。

3. 花生油、花生酱等取样时应搅拌均匀。

三、测定

1. 制备薄层板

称取约3 g硅胶G，加相当于硅胶量2～3倍的水，用力研磨1～2 min，成糊状后立即倒于涂布器内，推成5 cm×20 cm，厚度约0.25 mm的薄层板3块。在空气中干燥约15 min，在100 ℃活化2 h，放干燥器中保存。一般可保存2～3天，若放置时间较长，可再活化后使用。

2. 点样

将薄层板边缘附着的吸附剂刮净，在距离薄层板下端3 cm的基线上用微量注射器或血色素吸管滴加样液。一块板可滴加4个点，点距边缘和点间距约为1 cm，点直径约ϕ3 mm。在同一块板上滴加点的大小应一致，滴加时可用吹风机用冷风边吹边加。滴加试样如下：

第一点：10 μL黄曲霉毒素B_1标准使用液（0.04 μg/mL）。

第二点：20 μL样液。

第三点：20 μL样液+10 μL 0.04 μg/mL黄曲霉毒素B_1标准使用液。

第四点：20 μL样液+10 μL 0.2 μg/mL黄曲霉毒素B_1标准使用液。

3. 展开与观察

在展开槽内加10 mL无水乙醚，预展12 cm，取出挥干。再于另一展开槽内加10 mL丙酮-三氯甲烷（8+92），展开10～12 cm，取出。在紫外光下观察结果，方法如下：

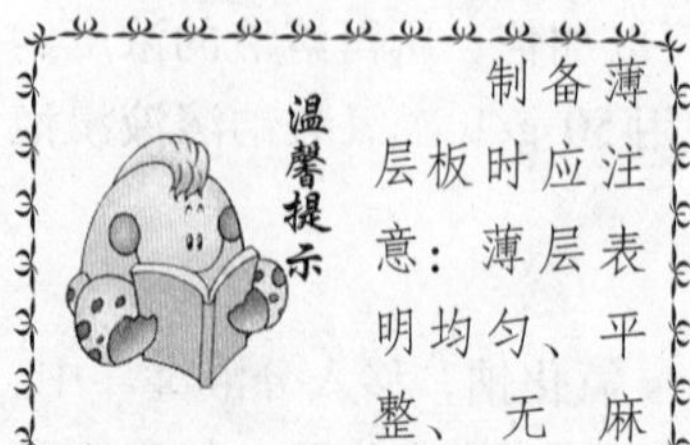

制备薄层板时应注意：薄层表明均匀、平整、无麻点、无气泡、无破损、无污染。

温馨提示

1. 点样时必须注意勿损伤薄层表面。

2. 点间距离视斑点扩散情况而定，以不影响检出为宜。

3. 试样点越小越好，以免试样点重叠不易分离。

4. 试样点的溶剂挥发后才能放入展开槽中进行展开。

由于样液点上加滴黄曲霉毒素 B_1 标准使用液，可使黄曲霉毒素 B_1 标准点与样液中的黄曲霉毒素 B_1 荧光点重叠。若样液为阴性，薄层板上的第三点中黄曲霉毒素 B_1 为 0.000 4 μg，可用作检查在样液内黄曲霉毒素 B_1 最低检出量是否正常出现；如果为阳性，则起定性作用。薄层板上的第四点中黄曲霉毒素 B_1 为 0.002 μg，主要起定位作用。

若第二点在与黄曲霉毒素 B_1 标准点的相应位置上无蓝紫色荧光点，表示试样中黄曲霉毒素 B_1 含量在 5 μg/kg 以下；如在相应位置上有蓝紫色荧光点，则需进行确证实验。

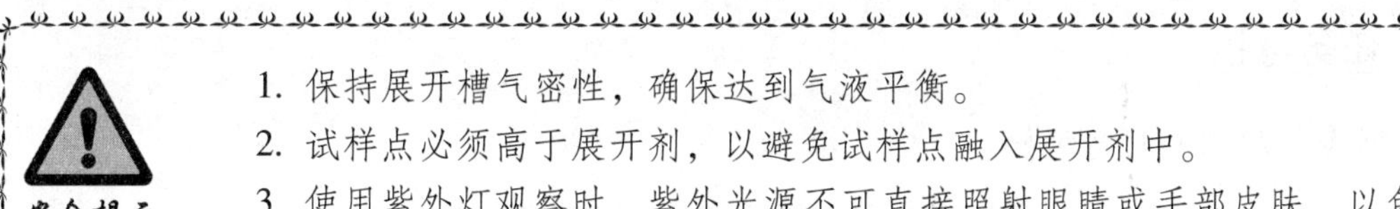

4. 确证实验

为了证实薄层板上样液荧光是由黄曲霉毒素 B_1 产生的，加滴三氟乙酸，产生黄曲霉毒素 B_1 的衍生物，展开后此衍生物的比移值约在 0.1。于薄层板左边依次滴加两个点：

第一点：0.04 μg/mL 黄曲霉毒素 B_1 标准使用液 10 μL。

第二点：20 μL 样液。

于以上两点各加一小滴三氟乙酸盖于其上，反应 5 min 后，用吹风机吹热风 2 min 后，使热风吹到薄层板上的温度不高于 40 ℃，再于薄层板上滴加以下两个点：

第三点：0.04 μg/mL 黄曲霉毒素 B_1 标准使用液 10 μL。

第四点：20 μL 样液。

再展开，在展开槽内加 10 mL 无水乙醚，预展 12 cm，取出挥干。再于另一展开槽内加 10 mL 丙酮-三氯甲烷(8 + 92)，展开 10 ~ 12 cm，取出。在紫外光下观察样液是否产生与黄曲霉毒素 B_1 标准点相同的衍生物。未加三氟乙酸的三、四两点，可依次作为样液与标准的衍生物空白对照。

5. 稀释定量

样液中的黄曲霉毒素 B_1 荧光点的荧光强度如与黄曲霉毒素 B_1 标准点的最低检出量(0.000 4 μg)的荧光强度一致，则试样中黄曲霉毒素 B_1 含量即为 5 μg/kg。如试样中荧光强度比最低检出量强，则根据其强度估计减少滴加体积或将试样稀释后再滴加不同体积，直至样液点的荧光强度与最低检出量的荧光强度一致为止。滴加式样如下：

第一点：10 μL 黄曲霉毒素 B_1 标准使用液(0.04 μg/mL)。

第二点：根据情况滴加 10 μL 样液。

第三点：根据情况滴加 15 μL 样液。

第四点：根据情况滴加 20 μL 样液。

四、计算实验结果，完成实验报告

试样中黄曲霉毒素 B_1 的含量按式(3-9)计算。

$$X = 0.000\,4 \times \frac{V_1 \times D}{V_2} \times \frac{1\,000}{m} \tag{3-9}$$

式中 X——试样中黄曲霉毒素 B_1 的含量（μg/kg）；

V_1——加入苯-乙腈混合液的体积（mL）；

V_2——出现最低荧光时滴加样液的体积（mL）；

D——样液的总稀释倍数；

m——加入苯-乙腈混合液时相当试样的质量（g）；

0.000 4——黄曲霉毒素 B_1 的最低检出量（μg）。

任务考核

根据表 3-72 进行任务考核。

表 3-72　酱油中黄曲霉毒素 B_1 的测定任务考核

考核项目	考核内容	评价依据	评分标准	
			个人评分	教师评分
过程考核	实验前做好相应准备工作	教师观察记录表		
	正确执行实验室安全操作规范	观察学生实验操作		
	完成黄曲霉毒素 B_1 的检测工作	观察学生工作过程		
	正确填写工作记录	检查记录单		
	正确回答课堂提问	回答问题的准确性		
	遵守学习纪律，端正学习态度	教师观察学生学习过程		
职业素养	有良好的安全环保、节约意识	实验废液的处理和试剂用量是否合理		
	团结和协作能力	小组讨论及咨询记录		
	能够诚实准确地记录工作全部过程	资料的整理和原始数据的记录		
总评分				

知识拓展

一、食品中黄曲霉毒素的快速检测方法

1. 酶联免疫吸附测定法（Enzyme-Linked Immuno Sorbent Assay，ELISA）

ELISA 法是 20 世纪 70 年代以来发展起来的免疫测定技术，可分为直接法、间接法、双抗体夹心法、双夹心法、竞争法、抑制性测定法等，原理是利用抗原-抗体反应的高度特异性和酶促反应的高度敏感性，对抗原或抗体进行检测。

这种方法灵敏度高，比薄层法提高了近 200 倍；特异性强，荧光物质、色素、结构类似物对结果无干扰；回收率高，提取方法简单，可以进行定性和定量测定，得到了比较广泛的应用。随着科学技术的发展，国内很多科研机构和检验检疫部门对 ELISA 法进行研究和改良，建立了较多的快速检测方法。

酶联免疫吸附检测方法中酶的活性容易受反应条件影响，并且 ELISA 试剂寿命短，需要低温保藏。对食用油、含脂量高的样品如花生等及葡萄酒类、含盐量高的酱油等，在提取时要进行调节 pH、脱盐、脱脂等特殊处理。ELISA 法也存在有假阳性、基制干扰和线性范

围不宽等缺陷。

2. 高效液相色谱法(HPLC)

黄曲霉毒素的HPLC法主要用荧光检测器检测，正相高效液相色谱法(NP-HPLC)一般使用硅胶柱，流动相含有三氯甲烷或二氯甲烷，在这种条件下，黄曲霉毒素B_1和黄曲霉毒素B_2的荧光显著猝灭。为解决这个问题，有时同时使用紫外检测器(检测黄曲霉毒素B_1和黄曲霉毒素B_2)及荧光检测器(黄曲霉毒素G_1和黄曲霉毒素G_2)。

应用HPLC法检测各种农产品、食品、饲料、中药等多种制品中黄曲霉毒素B_1的研究已有较多报道。该方法测定准确、分辨率高，操作技术要求高，操作复杂，适合在专业检测实验室使用。HPLC法是目前检测灵敏度较高的方法，可同时测定多种黄曲霉毒素成分及含量，完成定性、定量测定，在进出口贸易的黄曲霉毒素B_1检测中发挥着极其重要的作用。

二、实际生活中去除黄曲霉毒素的措施

1. 剔除霉变粮粒

由于黄曲霉毒素在整批粮食中的污染分布不均匀，烹饪前剔除霉变的粮粒显得尤为重要，要把霉烂、长毛的花生、豆类及时捡去。

2. 加盐

花生米先用水洗一下，去毒率可达80%，用油炒或干炒可以将黄曲霉毒素部分破坏掉，加食盐炒或煮去毒效果更好。

3. 加水搓洗

大米中黄曲霉毒素主要分布于米粒表层，淘米时用手搓洗三四遍可除去80%的黄曲霉毒素。使用高压锅煮饭也可以破坏一部分黄曲霉毒素。免淘米是新粮，里面杂质很少，比较干净，为了吃得放心，对保存一定时间的免淘米还应先淘洗，再下锅做饭。

4. 加热

久置的植物油可能有少量黄曲霉毒素，因此不要生吃花生油，食用时必须将油加热到锅边冒出微烟，或先将油烧至微热，再加入适量食盐烧至沸腾，盐中的碘化物能去除黄曲霉毒素的部分毒性，再放菜肴烹调，有除去黄曲霉毒素的效果，有利于保障身体的健康。

思考与练习

1. 如何制备薄层板？制备薄层板时要注意哪些问题？
2. 在国家食品质量标准中，酱油中黄曲霉素B_1含量为多少？如何表示？
3. 描述黄曲霉素B_1含量的检测原理。
4. 黄曲霉素毒素有多少种？测定酱油中黄曲霉素B_1有什么意义？
5. 薄层层析法测定食品中黄曲霉毒素B_1有哪些优点与缺点？
6. 展开剂的高度超过点样线，对薄层色谱有什么影响？
7. 为什么极性大的组分要用极性大的溶剂洗脱？

4 模块四 发酵调味品添加剂检验技术

任务一　腌菜中亚硝酸盐的测定

学习目标

1. 知识目标

（1）掌握亚硝酸盐的测定原理、基本过程和操作关键。

（2）掌握数据处理和结果计算技术。

2. 能力目标

（1）熟练运用称量、过滤、定容、吸取等基本操作。

（2）熟练运用紫外-可见光分光光度计测定酱腌菜中亚硝酸盐的含量。

（3）会根据数据处理基础知识合理评定本次实验过程的成功与不足。

3. 情感态度价值观目标

（1）增强实验室安全意识。

（2）提高团队综合协作能力。

任务描述

给定任意一个酱腌菜类样品，根据酱腌菜卫生标准 GB/T 5009. 54—2003 规定的分析方法，选用合适的方法检验出样品中亚硝酸盐的含量，保留初始数据，准确详细地记录在实验报告中，完成相应实验报告。要求运用紫外-可见分光光度计来完成本任务。

任务流程

腌菜卫生标准 GB/T 5009. 54—2003 中规定，亚硝酸盐的测定参照 GB 5009. 33—2010 所规定的方法，本任务则选用国家标准《食品中亚硝酸盐与硝酸盐的测定》GB 5009. 33—2010 中的第二法［分光光度法（盐酸萘乙二胺法）］。完成本任务的流程如图 4-1 所示。

仪器检查及试剂配制 → 试样前处理 → 亚硝酸盐及空白的检验 → 实验结果记录及计算 → 考核评价

图 4-1　腌菜中亚硝酸盐含量的检验程序

知识储备

一、硝酸盐和亚硝酸盐概述

1. 硝酸盐和亚硝酸盐简介

硝酸盐和亚硝酸盐在环境中广泛存在，是自然界最普遍的含氮化合物。人们的日常生活离不开蔬菜，但蔬菜是一种容易富集硝酸盐的作物(white1975)。硝态氮是蔬菜吸收的主要氮源之一，以硝酸盐的形式广泛存在于环境中。硝酸盐在微生物的作用下被还原为亚硝酸盐。亚硝酸盐为白色粉末，易溶于水，除了工业用途外，硝酸盐和亚硝酸盐在食品生产中作为食品添加剂使用，用作发色剂和防腐剂，允许用于肉及肉制品的生产加工中，其作用是使肉与肉制品呈现良好的色泽。一般使用硝酸钠(钾)和亚硝酸钠(钾)作为防腐剂和发色剂。罐头和发酵食品由于其厌氧环境容易造成肉毒梭菌的生长而导致致命中毒事件的发生，因此常添加亚硝酸钠抑制肉毒梭菌的生长。由于亚硝酸钠所特有的抑制肉毒梭菌生长的作用，目前尚没有能够完全替代亚硝酸钠的食品添加剂。因此，在肉品的加工中仍普遍使用硝酸盐和亚硝酸盐。

2. 硝酸盐及亚硝酸盐与人体健康

硝酸盐在人体内经微生物作用可被还原成有毒的亚硝酸盐，亚硝酸盐具有抗甲状腺功能，长期摄入亚硝酸盐会造成智力迟钝，危害很大。

亚硝酸盐是一种强氧化剂，与人体血红蛋白反应，会使血液中的铁从低价转变为高价，从而使血液失去输氧能力，造成人体氧中毒即高铁血红蛋白症，严重者可导致死亡。亚硝酸盐还可导致维生素 C 的氧化破坏并阻碍胡萝卜素转化为维生素 C，致体内维生素 C 不足。人肠胃中的亚硝酸盐遇到胺极易转化成强致癌物质亚硝胺。亚硝胺在体内先进行 α-位碳羟基化，经过一些活性中间代谢产物作为烷化剂，脱甲基后，甲基(或其他烷基)使 DNA、RNA 等大分子中的鸟嘌呤等 O-处烷基化，鸟嘌呤与烷基的配位键结合，使 DNA 或 RNA 复制错误，从而形成癌症。亚硝胺不仅多次长期摄入体内能致癌，而且一次冲击也可致癌。多年的调查资料表明，人类的某些癌症如胃癌、食道癌、肝癌等与亚硝胺有关。

硝酸盐本身对人体没有毒害作用，但在蔬菜、水果的储藏和运输过程中，或当硝酸盐进入人体后还原生成亚硝酸盐，与人体中有机化合物结合形成致癌物亚硝胺。

二、检测酱腌菜中亚硝酸盐含量的意义

腌菜加工中为使腌菜呈现良好的色泽而适当加入的化学物质，我们称之为护色剂。在腌菜的加工过程中，亚硝酸盐属于常用的护色剂，主要作用有发色作用、抑菌作用、产生风味。研究表明，蔬菜在腌制过程中，亚硝酸盐的含量呈现出先缓慢上升，达到一定值后又缓慢下降的趋势。检测腌菜中亚硝酸盐的含量，对于保证制品的卫生质量，有着十分重要的意义。

三、酱腌菜中硝酸盐和亚硝酸盐的限量标准

我国食品中污染物限量标准(GB 2762—2005)中规定，酱腌菜中亚硝酸盐(以 $NaNO_2$ 计)最大限量为 20 mg/kg。

四、分光光度法检验亚硝酸盐含量原理

试样经沉淀蛋白质、去除脂肪后，在弱酸性条件下亚硝酸盐与对氨基苯磺酸重氮化后

(产生重氮盐)，再与盐酸萘乙二胺(偶合试剂)偶合形成紫红色染料，于波长 538 nm 处测定其吸光度后，可与标准比较定量。

$$NO_2^- + H^+ + H_2N-C_6H_4-SO_3H \longrightarrow N\equiv N^+-C_6H_4-SO_3H + H_2O$$

$$N\equiv N^+-C_6H_4-SO_3H + C_{10}H_7NH_2 \longrightarrow HO_3S-C_6H_4-N=N-C_{10}H_6-NH_2$$

旧知识回顾

721 型分光光度计的操作规程及维护：

1）机器使用前检查放大器及单色器的两个硅胶干燥筒，如受潮变色，应更换干燥的蓝色硅胶或者倒出烘干再用。

2）机器未接通电源时，电表的指针必须位于“0”刻线上。

3）将仪器的电源开关接通，打开比色皿暗箱盖选择需用单色入波长至 550 nm，按钮指“1”位置，关闭暗箱门，调满度钮至 90% 左右，仪器预热约 20 min。

4）比色：调节入波长至 590 nm，打开比色门，调节“0”档指针为“0”位置，将比色样品放入比色盒中，前空白后试样。关闭比色门，调满度钮到“100%”，拉动拉杆进行比色。

5）确保仪器稳定工作，电压波动较大的地方，220 V 电源要预先稳压。

6）仪器工作不正常时，如无输入、光源灯不亮、电表指针不动，首先检查保险丝，然后检查电路。

7）仪器底部有两只干燥机筒，应保持其干燥性，经常检查换新。

8）比色皿箱内硅胶，当仪器停止使用后，也应定期烘干。

9）当仪器停止工作时，必须切断电源，开关放在“关”上。

10）在停止工作时间内，需用仪器罩将仪器盖上。

任务实施

一、实验准备

1. 仪器设备

1）紫外-可见光分光光度计。

2）食物粉碎机。

3）分析天平(0.000 1 g)。

4）称量纸、量筒、烧杯、容量瓶、棕色瓶、移液管、玻璃棒、擦镜纸等。

5）具塞比色管。

6）水浴锅。

2. 试剂材料

（1）亚铁氰化钾溶液(106 g/L)　称取106.0 g亚铁氰化钾[$K_4Fe(CN)_6 \cdot 3H_2O$]，用水溶解，并稀释至1 000 mL。

（2）乙酸锌溶液(220 g/L)　称取220.0 g乙酸锌[$Zn(CH_3COO)_2 \cdot 2H_2O$]，先加30 mL冰乙酸溶解水，用水稀释至1000 mL。

（3）饱和硼砂溶液(50 g/L)　称取5.0 g硼砂钠($Na_2B_4O_7 \cdot 10H_2O$)，溶于100 mL热水中，冷却后备用。

（4）对氨基苯磺酸溶液(4 g/L)　称取0.4 g对氨基苯磺酸，溶于100 mL 20%(V/V)的盐酸中，置棕色瓶中混匀，避光保存。

（5）盐酸萘乙二胺溶液(2 g/L)　称取0.2 g盐酸萘乙二胺，溶于100 mL水中，混匀后，置棕色瓶中，避光保存。

（6）亚硝酸钠标准溶液(200 μg/mL)　准确称取0.100 0 g于110～120 ℃中干燥恒重的亚硝酸钠，加水溶解移入500 mL容量瓶中，并稀释至标尺，混匀。

（7）亚硝酸钠标准使用液(5.0 μg/mL)　临用前，吸取亚硝酸钠标准溶液5.00 mL，置于200 mL容量瓶中，加水稀释至标尺。

3. 注意事项

1）亚硝酸盐标准使用液要现配现用。

2）注意显色剂用棕色容量瓶避光保存。

安全提示

配制亚铁氰化钾、冰乙酸时有什么注意事项？亚铁氰化钾、冰乙酸对我们的健康有什么影响？

1. 亚铁氰化钾属低毒类物质，吸入引起咳嗽、气短，对环境有严重危害。配制时需在通风橱中进行。

2. 冰乙酸吸入后对鼻、喉和呼吸道有刺激性，对眼有强烈刺激作用，皮肤接触，轻者出现红斑，重者引起化学灼伤。慢性影响：眼睑水肿、结膜充血、慢性咽炎和支气管炎。长期反复接触，可致皮肤干燥、脱脂和皮炎。配制时需在通风橱中进行。

二、前处理

1. 样品提取

将试样用去离子水洗净，晾干后，取可食部切碎混匀。将切碎的样品用四分法取适量，用食物粉碎机制成匀浆备用。如需加水应记录加水量。称取5 g(精确至0.01 g)制成匀浆的试样(如制备过程中加水,应按加水量折算)，置于50 mL烧杯中，加12.5 mL饱和硼砂溶液，搅拌均匀，以70 ℃左右的水约300 mL将试样洗入500 mL容量瓶中，于沸水浴中加热15 min，取出置冷水浴中冷却，并放置至室温。

2. 净化提取液

在振荡上述提取液时加入5 mL亚铁氰化钾溶液，摇匀，再加入5 mL乙酸锌溶液，用以沉淀蛋白质。然后加水至标尺，摇匀，放置30 min，除去上层脂肪，上清液用滤纸过滤，弃去初滤液30 mL，滤液备用。同时做空白样品。

三、测定

吸取40.0 mL上述滤液于50 mL带塞比色管中，另吸取0.00、0.20 mL、0.40 mL、0.60 mL、0.80 mL、1.00 mL、1.50 mL、2.00 mL、2.50 mL亚硝酸钠标准使用液（相当于0.0、1.0 μg、2.0 μg、3.0 μg、4.0 μg、5.0 μg、7.5 μg、10.0 μg、12.5 μg亚硝酸钠），分别置于50 mL带塞比色管中。于标准管与试样管中分别加入2 mL对氨基苯磺酸溶液，混匀，静置3～5 min后各加入1 mL盐酸萘乙二胺溶液，加水至标尺，混匀，静置15 min，用2 cm比色杯，以零管调节零点，于波长538 nm处测吸光度，绘制标准曲线比较。同时作试剂空白试验。将实验结果记录在表4-1中。

表4-1　亚硝酸钠实验结果记录表

比色管号	亚硝酸钠含量/μg	吸光值(A)		
		第一次测定	第二次测定	平均值
1	0.0			
2	1.0			
3	2.0			
4	3.0			
5	4.0			
6	5.0			
7	7.5			
8	10.0			
9	12.5			
样品1				
样品2				

注：1. 测试过程要从低浓度到高浓度进行测定，防止污染。

2. 注意保持比色皿表面清洁。

四、计算实验结果，完成实验报告

1. 绘制标准曲线

以亚硝酸钠含量为横坐标，以吸光值为纵坐标绘制出标准曲线，并通过标准曲线计算出样品管中亚硝酸盐含量（μg）。

2. 亚硝酸盐（以亚硝酸钠计）的含量按式（4-1）进行计算。

$$X_1 = \frac{A_1 \times 1\,000}{m \times \frac{V_1}{V_0} \times 1\,000} \tag{4-1}$$

式中　X_1——试样中亚硝酸钠的含量（mg/kg）；

A_1——测定用样液中亚硝酸钠的质量（μg）；

m——试样质量（g）；

V_1——测定用样液体积（mL）；

V_0——试样处理液总体积（mL）。

注意：以重复性条件下获得的两次独立测定结果的算术平均值表示，结果保留两位有效数字。

任务考核

根据表 4-2 进行任务考核。

表 4-2　腌菜中亚硝酸盐的测定任务考核

序号	考核内容	标准	个人评价	教师评价
1	实验准备	准确配制相关试剂		
		正确完成紫外-可见分光光度计的参数设置		
2	样品前处理	将样品匀浆，准确称取样品		
		样品提取，提取液净化		
3	测定	操作规范，如实记录实验数据		
4	计算结果	按要求保留有效数字		
		准确计算结果		
5	职业素养	小组合作能力		
		实验态度严谨		

知识拓展

一、离子色谱法检验腌菜中硝酸盐和亚硝酸盐含量

1. 检验原理

试样经沉淀蛋白质、去除脂肪后，采用相应的方法提取和净化，以氢氧化钾溶液为淋洗液，阴离子交换柱分离，电导检测器检测。以保留时间定性，外标法定量。

2. 仪器设备

1）离子色谱仪：包括电导检测器，配有抑制器，高容量阴离子交换柱，50 μL 定量环。

2）食物粉碎机。

3）超声波清洗器。

4）天平：感量为 0. 1 mg 和 1 mg。

5）离心机：转速≥10 000 r/min，配 5 mL 或 10 mL 离心管。

6）0. 22 μm 水性滤膜针头滤器。

7）净化柱：包括 C_{18} 柱、Ag 柱和 Na 柱或等效柱。

8）注射器：1 mL 和 2. 5 mL。

◆ 所有玻璃器皿使用前均需依次用 2 mol/L 氢氧化钾和水分别浸泡 4 h，然后用水冲洗 3 ~5 次，晾干备用。

3. 试剂材料

1）超纯水：电阻率 >18. 2 MΩ · cm。

2）乙酸(CH_3COOH)：分析纯。

3）氢氧化钾(KOH)：分析纯。

4）乙酸溶液（3%）：量取乙酸 3 mL 于 100 mL 容量瓶中，以水稀释至标尺，混匀。

5）亚硝酸根离子（NO_2^-）标准溶液（100 mg/L，水基体）。

6）硝酸根离子（NO_3^-）标准溶液（1 000 mg/L，水基体）。

7）亚硝酸盐（以 NO_2^- 计，下同）和硝酸银（以 NO_3^- 计，下同）混合标准使用液：准确移取亚硝酸根离子（NO_2^-）和硝酸根离子（NO_3^-）的标准溶液各 1.0 mL 于 100 mL 容量瓶中，用水稀释至标尺，此溶液每升含亚硝酸根离子 1.0 mg 和硝酸根离子 10.0 mg。

4. 样品前处理

（1）试样预处理　用四分法取适量样品或取全部样品，用食物粉碎机制成匀浆备用。

（2）提取　称取试样匀浆 2 g（精确至 0.01 g），以 80 mL 水洗入 100 mL 容量瓶中，超声提取 30 min，5 min 振摇一次，保持固相完全分散。于 75 ℃水浴中放置 5 min，取出放置室温，加水稀释至标尺。溶液经滤纸过滤后，取部分溶液于 10 000 r/min 离心 15 min，上清液备用。

取上述备用的上清液约 15 mL，通过 0.22 μm 水性滤膜针头滤器、C_{18} 柱，弃去前面 3 mL（如果氯离子大于 100 mg/L，则需要依次通过针头滤器、C_{18} 柱、Ag 柱和 Na 柱，弃去前面 7 mL），收集后面洗脱液待测。

固相萃取柱使用前需进行活化，如使用 OnGuard Ⅱ RP 柱（1.0 mL）、OnGuard Ⅱ Ag 柱（1.0 mL）和 OnGuard Ⅱ Na 柱（1.0 mL），其活化过程：OnGuard Ⅱ RP 柱（1.0 mL）使用前依次用 10 mL 甲醇、15 mL 水通过，静置活化 30 min。OnGuard Ⅱ Ag 柱（1.0 mL）和 OnGuard Ⅱ Na 柱（1.0 mL）用 10 mL 水通过，静置活化 30 min。

5. 样品测定

（1）参考色谱条件

1）色谱柱：氢氧化物选择性，可兼容梯度洗脱的高容量阴离子交换柱，如 Dionex IonPac AS11-HC 4 mm × 250 mm（带 IonPac AS11-HC 型保护柱 4mm × 50mm），或性能相当的离子色谱柱。

2）淋洗液（一般试样）：氢氧化钾溶液，浓度为 6 ~ 70 mmol/L；洗脱梯度为 6 mmol/L 30 min，70 mmol/L 5 min，6 mmol/L 5 min；流速 1.0 mL/min。

3）抑制器：连续自动再生膜阴离子抑制器或等效抑制装置。

4）检测器：电导检测器，检测池温度为 35 ℃。

5）进样体积：50 μL（可根据试样中被测离子含量进行调整）

（2）标准系列测定　移取亚硝酸盐和硝酸盐混合标准使用液，加水稀释，制成系列标准溶液，含亚硝酸根离子浓度为 0.00、0.02 mg/L、0.04 mg/L、0.06 mg/L、0.08 mg/L、0.10 mg/L、0.15 mg/L、0.20 mg/L；硝酸根离子浓度为 0.0、0.2 mg/L、0.4 mg/L、0.6 mg/L、0.8 mg/L、1.0 mg/L、1.5 mg/L、2.0 mg/L 的混合标准溶液，从低浓度到高浓度依次进样。不同浓度标准溶液的色谱图如图 4-2 所示。以亚硝酸根离子或硝酸根离子的浓度（mg/L）为横坐标，以峰高（μS）或峰面积为纵坐标，绘制标准曲线或计算线性回归方程。

（3）样品测定　分别吸取空白和试样溶液 50 μL，在相同条件下，依次注入离子色谱仪中，记录色谱图。根据保留时间定性，分别测量空白和样品的峰高（μS）或峰面积。

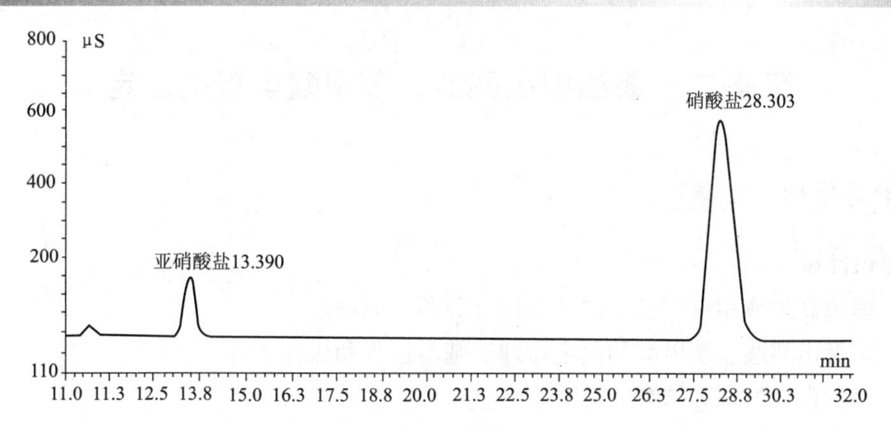

图 4-2　亚硝酸盐和硝酸盐混合标准溶液的色谱图

6. 计算检测结果

试样中亚硝酸盐(以 NO_2^-计)或硝酸盐(以 NO_3^-计)含量按式（4-2）计算。

$$X=\frac{(c-c_0)\times V\times f\times 1\ 000}{m\times 1\ 000} \tag{4-2}$$

式中　X——试样中亚硝酸根离子或硝酸根离子的含量(mg/kg)；

c——测定用试样溶液中的亚硝酸根离子或硝酸根离子浓度(mg/L)；

c_0——试剂空白液中亚硝酸根离子或硝酸根离子浓度(mg/L)；

V——试样溶液体积(mL)；

f——试样溶液稀释倍数；

m——试样取样量(g)。

精密度：在重复性条件下获得的两次独立测定结果的绝对差值不得超过算术平均值的10%。

试样中测得的亚硝酸根离子含量乘以换算系数1.5，即得亚硝酸盐(按亚硝酸钠计)含量；试样中测得的硝酸根离子含量乘以换算系数1.37，即得硝酸盐(按硝酸钠计)含量。

以重复性条件下获得的两次独立测定结果的算术平均值表示，结果保留两位有效数字。

思考与练习

1. 国家标准规定食品中亚硝酸盐测定的检出限为多少?
2. 测试过程中为什么要从低浓度到高浓度进行?
3. 分光光度计的工作原理是怎样的?
4. 简述分光光度计的操作流程。
5. 为什么亚硝酸盐标准使用液要现用现配?
6. 实验中可能导致误差的因素有哪些?应该采取哪些措施来防范?

任务二　酱油中山梨酸、苯甲酸含量的测定

学习目标

1. 知识目标

（1）理解高效液相色谱仪对混合物进行分离的原理。

（2）掌握山梨酸、苯甲酸的测定原理、基本过程和操作关键。

（3）掌握数据处理和结果计算技术。

2. 能力目标

（1）会运用过滤、称量、吸取、定容等基本操作对酱油进行前处理。

（2）会运用高效液相色谱仪测定酱油中山梨酸、苯甲酸的含量。

（3）会根据色谱图判断、分析实验结果。

（4）会根据数据处理基础知识合理评定本次实验过程的成功与不足。

3. 情感态度价值观目标

（1）认识到酱油中山梨酸、苯甲酸含量的高低对评定酱油质量好坏的重要性。

（2）体会高效液相色谱仪在食品理化分析中的运用优势。

任务描述

给定任意一个酱油样品，运用国家标准《食品中山梨酸、苯甲酸的测定》GB/T 5009. 29—2003 规定的第二法（高效液相色谱法）测定出酱油中山梨酸、苯甲酸的含量，保留初始数据，准确详细地记录实验数据，并完成相应实验报告。

任务流程

运用高效液相色谱仪检验出酱油中山梨酸、苯甲酸含量，检验程序如图 4-3 所示。

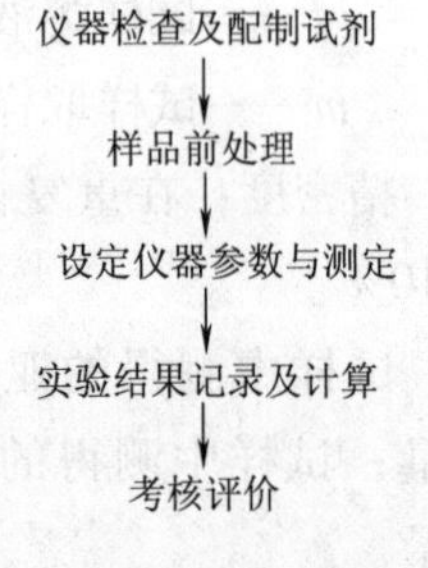

图 4-3　酱油中山梨酸、苯甲酸含量的检验程序

知识储备

一、食品添加剂简介

1. 食品添加剂

根据《中华人民共和国食品安全法》(2009) 的规定，食品添加剂是指为改善食品品质和色、香、味及为防腐、保鲜和加工工艺的需要而加入食品中的人工合成或者天然物质。按照来源的不同，可将食品添加剂分为天然食品添加剂和化学合成食品添加剂两大类。另外也有部分是从天然物质中提取出来经过人工加工或半合成的物质。天然食品添加剂是以动植物或微生物的代谢产物为原料加工得到的天然物质；化学合成的食品添加剂是指采用化学手段，通过化学反应合成的食品添加剂。按照功能的不同，可将食品添加剂分为增强食品营养价值

而加入的营养强化剂，为保持食品新鲜、防止变质而加入的防腐剂、抗氧化剂，以及为改良食品品质加入的色素、香料等。随着食品来源的不断扩大，食品添加剂还在不断增加新品种。根据《食品添加剂使用标准》GB 2760—2011，我国的食品添加剂可分为23类，即酸度调节剂、抗结剂、消泡剂、抗氧化剂、漂白剂、膨松剂、胶基糖果中基础剂、着色剂、护色剂、乳化剂、酶制剂、增味剂、面粉处理剂、被膜剂、水分保持剂、营养强化剂、防腐剂、稳定剂和凝固剂、甜味剂、增稠剂、食品用香料、食品工业用加工助剂、其他。其中，甜味剂和防腐剂是两类较重要的食品添加剂。

2. 食品防腐剂

食品防腐剂属于食品添加剂的一种，主要作用是抑制或延缓由微生物引起的食品腐败变质，从而有效延长食品流通和保存期。食品中有同样效果的调味物质（如盐、糖等）不包括在内。根据我国《食品添加剂使用标准》内容，食品防腐剂规定为第17类食品添加剂，总计32个品种。

根据所含组分来源可将食品防腐剂分为化学和天然两大类。化学类食品防腐剂包括酸型、酯型和无机盐型。天然类食品防腐剂泛指从自然界的动植物和微生物中分离提取的一类防腐物质。我国的食品工业中，最常添加的食品防腐剂主要有苯甲酸及其钠盐、山梨酸及其盐类、对羟基苯甲酸酯类、丙酸及其盐、脱氢乙酸等。

食品防腐剂的作用机理主要是使微生物蛋白质凝固和变性，干扰其生长和繁殖。例如，山梨酸可以改变细胞膜、细胞壁的渗透性，使微生物体内的酶类和代谢物逸出细胞导致其失活；苯甲酸能对微生物细胞原生质部分的遗传机制产生效应；对羟基苯甲酸酯类可干扰微生物体内的酶系，抑制酶的活性，破坏其正常代谢等。

（1）苯甲酸　苯甲酸又称安息香酸，是一种芳香族酸，分子式为 C_6H_5COOH，其结构式如图4-4所示。苯甲酸无嗅或略带安息香气味，被广泛用作食品防腐剂，天然存在于酸果蔓、梅干、肉桂、丁香中，还可以作为香料添加。其防腐原理：使微生物细胞的呼吸系统发生障碍，阻碍细胞膜的正常生理作用，抑制微生物体内的酶活性，破坏微生物的正常代谢；在酸性条件下（pH2.5～pH4.0最佳），苯甲酸及其钠盐可有效抑制霉菌、酵母和细菌活性。

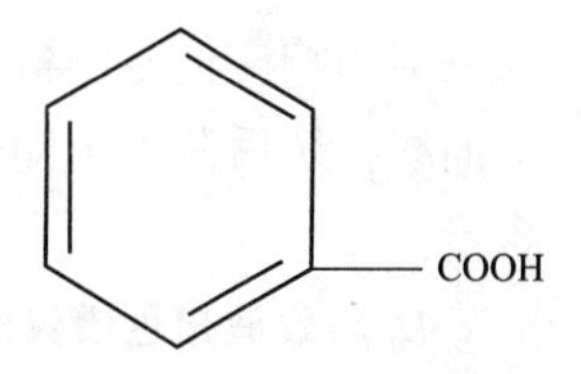

图4-4　苯甲酸结构式

有调查显示，人体过量食用苯甲酸及其盐类，会出现肝脏的代谢功能障碍，人体血压升高，心脏、肾功能异常等不良现象，甚至会引发肌肉酸中毒、昏厥和哮喘等病症。

（2）山梨酸　山梨酸化学名为2，4-己二烯酸或清凉茶酸，分子量为112.13，其结构式如图4-5所示，为无色针状结晶或白色粉末，在空气中长期放置易氧化着色，耐光与耐热性好，易升华，无嗅有微酸味，不溶于水，能溶于多种有机溶剂等。山梨酸能有效地阻止霉菌的脱氢，从而有效地阻止了微生物的生长，它还能与微生物酶系统中的硫基结合，达到抑制微生物增殖及防腐的目的，如能够抑制包括肉毒杆菌在内的各类病原体的滋生，而对有益的菌丛基本上没有影响。山梨酸在体内参与正常的代谢活动，最后被氧化成 CO_2 和 H_2O，它的毒性低于苯甲酸及其钠盐，公认是比较安全的防腐剂。但近年日本报道用添加15%的山梨酸的饲料喂小白

COOH

图4-5　山梨酸结构式

鼠，15 只中有一半患了肝癌，因此要控制其用量。山梨酸除应用于食品防腐剂方面外，还可用于杀虫剂的配制及合成橡胶工业等领域。

二、高效液相色谱分析法

1. 方法简介

高效液相色谱法(HPLC)是20世纪60年代末以经典液相色谱法为基础，引入了气相色谱的理论与实验方法，流动相用高压泵输送，采用高效固定相和在线检测等手段发展而成的分离分析方法。高效液相色谱法具有适用范围广，样品预处理简单，分离效率高，流动相选择范围广，检测方法多为非破坏性，流出组分可回收等优点。

按照溶质在固定相和流动相分离过程的物理化学原理的不同，液相色谱可分为：液固吸附色谱、液液分配色谱、化合键合色谱、离子交换色谱及分子排阻色谱等类型。液相色谱的固定相可以是吸附剂、化学键合固定相(或在惰性载体表面涂上一层液膜)、离子交换树脂或多孔性凝胶；流动相是各种溶剂。

2. 高效液相色谱法分离原理

高效液相色谱法是利用物质在两相中分配系数的微小差异进行分离的。当被分离混合物由流动相液体推动进入色谱柱时，根据各组分在固定相及流动相中的吸附能力、分配系数、离子交换作用或分子尺寸大小的差异进行分离。色谱分离的实质是样品分子与溶剂(即流动相或洗脱液)及固定相分子间的作用，作用力的大小决定色谱过程的保留行为。

3. 定性与定量依据

在一定条件下，同一组分的保留时间是一定的，不同组分的保留时间不同，因此可以把保留时间作为定性依据。用标准曲线法进行定量，即在一定色谱条件下，待测组分的浓度与检测器的响应信号(峰高或峰面积)成正比。因此可以利用一系列标准溶液的测定绘制出标准曲线，然后测得未知样品的响应信号值(峰面积)，在标准曲线上查得其浓度，并换算成含量。

4. 高效液相色谱仪的基本组成

高效液相色谱仪由储液瓶、泵、进样器、色谱柱、检测器、记录仪等几部分组成，示意如图 4-6 所示。储液瓶中的流动相被高压泵打入系统，样品溶液经进样器进入流动相，被流动相载入色谱柱(固定相)内，由于样品溶液中的各组分在两相中具有不同的分配系数，在两相中做相对运动时，经过反复多次的吸附—解吸的分配过程，各组分在移动速度上产生较大的差别，被分离成单个组分依次从柱内流出，通过检测器时，样品浓度被转换成电信号传送到记录仪，数据以图谱形式打印出来。

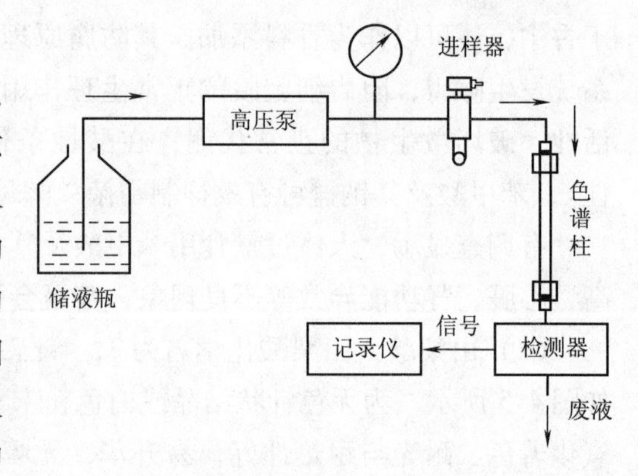

图 4-6 高效液相色谱仪的组成

三、检验酱油中山梨酸、苯甲酸含量的意义

酱油是我国传统的、富有特色的、使用最广的、味道鲜美的调味品。由于酱油营养丰富，适于微生物生长繁殖，而微生物又无处不在，所以细菌、霉菌和酵母之类微生物的侵袭通常是导致酱油败坏的主要因素。为了保藏酱油，防止酱油腐败变质，延长酱油的保存期，保持酱油的鲜度和良好的品质，酱油中一般使用食品防腐剂。

在遵守《食品添加剂使用标准》(GB 2760—2011)的前提下，合理、合法地使用防腐剂可有效抑制食品腐败变质，延长其流通、保存期。但是，若在食品中添加过量或非法的防腐剂则可能对人体产生副作用，甚至危害人体健康。食品中加入少量的山梨酸、苯甲酸等防腐剂，可延长食品的货架期，但加入量过多，会严重损害人体健康，能引起人、动物肝和肾的病理变化。我国《食品添加剂使用标准》(GB 2760—2011)包含的条款中详细规定了食品中苯甲酸及其钠盐、山梨酸及其盐类的使用限量，其中酱油中限量详情见表4-3。

表4-3　食品防腐剂苯甲酸及其钠盐、山梨酸及其盐类的使用限量

防腐剂	使用对象	最大使用量
苯甲酸及其钠盐	酱油	1.0 g/kg(以苯甲酸计)
山梨酸及其盐类		1.0 g/kg(以山梨酸计)

四、高效液相色谱法分析检验酱油中山梨酸、苯甲酸的原理

反相键合色谱法的流动相极性大于固定相极性，常用的流动相为甲醇—水、乙腈—水，适于分离非极性、极性或离子型化合物。甜蜜素、糖精钠、苯甲酸和山梨酸均属于离子型化合物，因此可以采用反相键合色谱法进行测定。

试样加温除去二氧化碳和乙醇，调至近中性，过滤后进高效液相色谱仪，经反相色谱分离后，根据保留时间和峰面积进行定性和定量。

任务实施

一、实验准备

1. 仪器设备

1）高效液相色谱仪(带紫外检测器)。

2）柱：YWG-C_{18} 4.6 mm×250 mm，10 μm不锈钢柱。

3）检测器：紫外检测器，230 nm，0.2AUFS。

2. 试剂材料

方法中所用试剂，除另有规定外，均为分析纯试剂，水为蒸馏水或同等纯度水，溶液为水溶液。

(1) 甲醇　经滤膜(0.45 μm)过滤。

(2) 乙酸铵溶液(0.02 moL/L)　称取1.54 g乙酸铵，加水至1 000 mL，溶解，经0.45 μm滤膜过滤。

(3) 苯甲酸标准储备溶液　准确称取0.100 0 g苯甲酸，加碳酸氢钠溶液(20 g/L) 5 mL，加热溶解，移入100 mL容量瓶中，加水定容至100 mL，苯甲酸含量为1 mg/mL，作为储备溶液。

(4) 山梨酸标准储备溶液　准确称取0.100 0 g山梨酸，加碳酸氢钠溶液(20 g/L) 5 mL，加热溶解，移入100 mL容量瓶中，加水定容至100 mL，山梨酸含量为1 mg/mL，作为储备溶液。

(5) 苯甲酸、山梨酸标准混合使用溶液　取苯甲酸、山梨酸标准储备溶液各 10.0 mL，放入 100 mL 容量瓶中，加水至标尺。此溶液含苯甲酸、山梨酸各 0.1 mg/mL。经 0.45 μm 滤膜过滤。

安全提示

配制甲醇、乙酸胺时有什么注意事项？甲醇、乙酸胺对我们的健康有什么影响？

甲醇：对中枢神经系统有麻醉作用；对视神经和视网膜有特殊选择作用，引起病变；可致代谢性酸中毒。急性中毒：短时大量吸入出现轻度上呼吸道刺激症状(口服有胃肠道刺激症状)；经一段时间潜伏期后出现头痛、头晕、乏力、眩晕、酒醉感、意识蒙眬、谵妄，甚至昏迷。视神经及视网膜病变，可有视物模糊、复视等，重者失明。代谢性酸中毒时出现二氧化碳结合力下降、呼吸加速等。慢性影响：神经衰弱综合征，植物神经功能失调，黏膜刺激，视力减退等。皮肤出现脱脂、皮炎等。燃爆危险：该品易燃，具刺激性。

乙酸胺：刺激皮肤、黏膜、眼睛、鼻腔、咽喉，损伤眼睛；高浓度刺激肺，可导致肺积水。

二、前处理

吸取经过过滤的酱油样品溶液 10.0 mL，置于 100 mL 容量瓶中，加水定容至标尺，混匀。

三、测定

高效液相色谱参考条件：

(1) 流动相　甲醇:乙酸铵溶液(0.02 moL/L) (5:95)。

(2) 流速　1 mL/min。

(3) 进样量　10 μL。

(4) 紫外检测器　230 nm，0.2AUFS。

用一次性注射器吸取上述经过稀释的样品溶液，经 0.45 μm 滤膜过滤，置于进样小瓶内，待仪器平衡后进样分析。根据保留时间定性，外标峰面积法定量。

四、计算实验结果，完成实验报告

试样中苯甲酸或山梨酸的含量按式 (4-3) 进行计算。

$$X = \frac{A \times 1\,000}{m \times \dfrac{V_2}{V_1} \times 1\,000} \tag{4-3}$$

式中　X——试样中苯甲酸或山梨酸的含量(g/kg)；

A——进样体积中苯甲酸或山梨酸的质量(mg)；

V_2——进样体积(mL)；

V_1——试样稀释液总体积(mL)；

m——试样质量(g)。

计算结果保留两位有效数字，统计本次任务实施的误差(在重复性条件下获得的两次独立测定结果的绝对差值不得超过算术平均值的10%)。

注：据GB/T 5009. 28—2003，本方法可同时测定糖精钠。

任务考核

根据表4-4进行任务考核。

表4-4　酱油中山梨酸、苯甲酸含量测定任务考核

考核项目	考核内容	标准	个人评价	教师评价
过程考核	实验准备	正确配制相关试剂		
		正确设定高效液相色谱仪参数		
	样品前处理	准确移取、定容、过滤		
	测定	根据保留时间准确定性，运用外标峰面积法定量		
	数据记录及结果计算	如实记录实验数据		
		按要求保留有效数字		
		准确计算结果		
职业素养	团结和协作能力	小组讨论及咨询记录		

知识拓展

一、用高效液相色谱法测定酱中山梨酸、苯甲酸的含量

由于样品的形态、化学成分的不同，需要选择合适的方法对不同的样品进行前处理。根据《食品中山梨酸、苯甲酸的测定》GB/T 5009. 29—2003的规定，酱中山梨酸、苯甲酸含量的测定对试样的处理方法如下。

称取约5. 0 g已研磨均匀的试样置于100 mL烧杯中，加50 mL水，充分搅拌(必要时加热)，移入100 mL容量瓶中，用少量水分次洗涤烧杯，洗液并入容量瓶中，并加水至标尺，混匀，用滤纸过滤置烧杯中备用。

用一次性注射器吸取上述经过稀释的样品溶液，经0. 45 μm滤膜过滤，置于进样小瓶内。

设置高效液相色谱条件后进行测定。

二、检验酱油中山梨酸、苯甲酸含量其他方法介绍

除了高效液相色谱法，还可以利用气相色谱法测定酱油中山梨酸、苯甲酸含量。

1. 操作原理

试样酸化后，用乙醚提取山梨酸、苯甲酸，用附氢火焰离子化检测器的气相色谱仪进行分离测定，与标准系列比较定量。

2. 仪器设备

（1）气相色谱仪　具有氢火焰离子化检测器。

（2）色谱柱　玻璃柱，内径 3 mm，长 2 m，内装涂以 5% DEGS + 1% 磷酸固定液的60 ~ 80 目 Chromosorb WAW。

3. 试剂材料

1）乙醚：不含过氧化物。

2）石油醚：沸程 30 ~ 60 ℃。

3）盐酸。

4）无水硫酸钠。

5）盐酸(1∶1)：取 100 mL 盐酸，加水稀释至 200 mL。

6）氯化钠酸性溶液(40 g/L)：于氯化钠溶液(40 g/L)中加少量盐酸(1∶1)酸化。

7）山梨酸、苯甲酸标准溶液：准确称取山梨酸、苯甲酸各 0.200 0 g，置于 100 mL 容量瓶中，用石油醚-乙醚(3∶1)混合溶剂溶解后并稀释至标尺。此溶液每毫升相当于 2.0 mg 山梨酸或苯甲酸。

8）山梨酸、苯甲酸标准使用液：吸取适量的山梨酸、苯甲酸标准溶液，以石油醚-乙醚(3 + 1)混合溶剂稀释至每毫升相当于 50 μg、100 μg、150 μg、200 μg、250 μg 山梨酸或苯甲酸。

4. 样品前处理

称取 2.50 g 事先混合均匀的试样，置于 25 mL 带塞量筒中，加 0.5 mL 盐酸(1 + 1)酸化，用 15 mL、10 mL 乙醚提取两次，每次振摇 1 min，将上层乙醚提取液吸入另一个 25 mL 带塞量筒中，合并乙醚提取液。用 3mL 氯化钠酸性溶液(40 g/L)洗涤两次，静置 15 min，用滴管将乙醚层通过无水硫酸钠滤入 25 mL 容量瓶中。加乙醚至刻度，混匀。准确吸取 5 mL乙醚提取液于 5 mL 带塞标尺试管中，置 40 ℃水浴上挥干，加入 2 mL 石油醚-乙醚(3 + 1)混合溶剂溶解残渣，备用。

5. 测定

（1）仪器参考条件

1）气流速度：载气为氮气，50 mL/min(氮气和空气、氢气之比按各仪器型号不同选择各自的最佳比例条件)。

2）进样口温度：230 ℃。

3）柱温 170 ℃。

4）检测器温度 230 ℃。

（2）测定　进样 2 μL 标准系列中各浓度标准使用液于气相色谱仪中，可测得不同浓度山梨酸、苯甲酸的峰高。在上述色谱条件下山梨酸和苯甲酸标准品的气相色谱图如图 4-7 所示。山梨酸保留时间 173 s；苯甲酸保留时间 368 s。

6. 结果计算

（1）绘制标准曲线　以浓度为横坐标，相应的峰高值为纵坐标，绘制标准曲线。同时进样 2 μL 试样溶液，测得峰高与标准曲线比较定量。

（2）计算试样含量　试样中山梨酸或苯甲酸的含量按式（4-4）计算。

$$X=\frac{A\times 1\ 000}{m\times \frac{5}{25}\times \frac{V_2}{V_1}\times 1\ 000} \tag{4-4}$$

式中　X——试样中山梨酸或苯甲酸的含量（mg/kg）；

A——测定用试样液中山梨酸或苯甲酸的质量（μg）；

V_1——加入石油醚-乙醚（3∶1）混合溶剂的体积（mL）；

V_2——测定时进样的体积（μL）；

m——试样质量（g）；

由测得苯甲酸的量乘以1.18，即为试样中苯甲酸钠的含量。

计算结果保留两位有效数字。

精密度：在重复性条件下获得的两次独立测定结果的绝对差值不得超过算术平均值的10%。

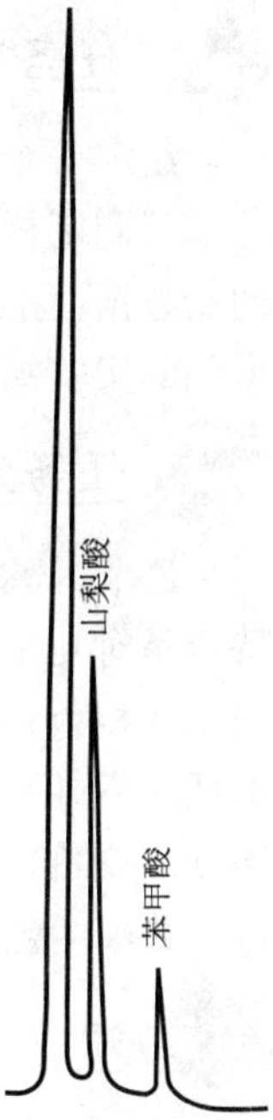

山梨酸

苯甲酸

图4-7　山梨酸和苯甲酸标准系列气相色谱图

思考与练习

1. 国家标准规定酱油中苯甲酸含量不得超过多少？
2. 国家标准规定酱中山梨酸含量不得超过多少？
3. 能同时检测酱油中山梨酸含量和苯甲酸含量吗？
4. 用高效液相色谱法能同时检测糖精钠含量吗？
5. 实验中可能导致误差的因素有哪些？应该采取哪些措施来防范？

任务三　酱油中乙酰丙酸的测定

学习目标

1. 知识目标

（1）理解氢火焰离子化检测器工作原理。

（2）掌握内标法定量过程。

（3）了解氢火焰检测器（FID）的应用和性能特征。

（4）掌握酱油中乙酰丙酸的测定的操作关键。

2. 能力目标

（1）会运用气相色谱法测定酱油中乙酰丙酸的含量。

（2）会运用内标法进行定量。

（3）会根据实验结果合理评定本次实验过程的成功与不足。

3. 情感态度价值观目标

（1）体会气相色谱仪在有机物分析中的运用优势。

（2）体会内标法在气相色谱定量分析中的优势。

（3）养成严谨的工作作风，为形成良好的职业道德打下基础。

任务描述

给定一个酱油样品，用具有氢火焰离子化检测器的气相色谱仪测定样品中乙酰丙酸含量，以内标法进行定量，保留初始数据，准确详细地记录在实验报告中，根据所学知识和得到的实验结论对样品做出相应的质量评价。

任务分析

乙酰丙酸属于碳氢化合物，氢火焰离子化检测器的主要特点是对几乎所有挥发性的有机化合物均有响应。因此可以采用气相色谱法(带氢火焰离子化检测器)分析乙酰丙酸。本任务采用中华人民共和国国内贸易行业标准(SB/T 10417—2007)规定的方法(内标法)测定酱油中乙酰丙酸含量。酱油中乙酰丙酸测定流程如图4-8所示。

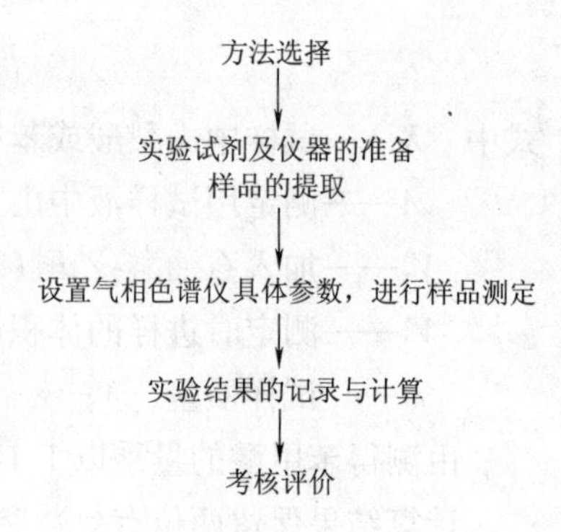

图4-8 酱油中乙酰丙酸测定流程图

知识储备

一、检验酱油中乙酰丙酸含量的意义

乙酰丙酸是一种重要的化工原料，在医药、吸附剂、涂料、食品调料等方面有广泛的用途。酱油中的乙酰丙酸是由植物原料中淀粉在酸的条件下经酸解成葡萄糖，葡萄糖转化成为羟甲基糠醛，再分解而成的。一般而言，纯酿造酱油中乙酰丙酸的含量极微，而配制酱油是以酿造酱油为主体，与酸水解植物蛋白调味液、食品添加剂等配制而成，所以这种酱油中乙酰丙酸的含量要比酿造酱油高出很多，而在酱油中乙酰丙酸不得超过一定含量，故酱油中乙酰丙酸的含量成为判断是否为酿造酱油的可靠指标。同时，乙酰丙酸也是影响酱油风味的主要物质。乙酰丙酸在调味液中含量与总氮有一定的关系，测出酱油中的总氮和乙酰丙酸含量，可以估算出配制酱油中酿造酱油的比例(以总氮计)。因此，酱油中乙酰丙酸的测定具有非常重要的意义。

二、气相色谱法检测酱油中乙酰丙酸含量

中华人民共和国国内贸易行业标准(SB/T 10417—2007)中规定，可采用内标法和外标法测定酱油中乙酰丙酸含量。该方法的测定原理：样品经酸化后，用乙醚提取乙酰丙酸，正庚酸作内标物质，用具有氢火焰离子化检测器的气相色谱仪进行测定，用内标法进行定量。

1. 氢火焰离子化检测器的工作原理

氢火焰离子化检测的工作原理是以氢气在空气中燃烧为能源，载气(N_2)携带被分析组分和可燃气(H_2)进入检测器，助燃气(空气)从四周导入，被测组分在火焰中被解离成正、负离子，在极化电压形成的电场中，正、负离子向各自相反的电极移动，形成的离子流被收集器接收、输出，经转化放大形成可测量的电信号，由计算机输出。

2. 特点

氢火焰离子化检测器的主要特点是对几乎所有挥发性的有机化合物均有响应，对所有烃类化合物(碳数大于或等于3)响应值几乎相等，对含杂原子的烃类有机物中的同系物(碳数大于或等于3)的响应值也几乎相等。而且具有灵敏度高，检出限低[10^{-13} ~ 10^{-10} g/s]，线

性范围宽($10^6 \sim 10^7$)，死体积小(一般小于1 μL)，既可以与填充柱联用，也可以直接与毛细管柱联用，对气体流速、压力变化不敏感等优点。现已成为应用最广泛的气相色谱检测器。不足之处在于氢火焰离子化检测器不能检测永久性气体、水、一氧化碳、二氧化碳、氮的氧化物、硫化氢等物质。

3. 应用范围

氢火焰离子化检测器广泛应用于化学、化工、药物、农药、食品和环境科学等领域。氢火焰离子化检测器除用于常规分析以外，还特别适合作各种样品的痕量分析。

三、内标法定量

内标法是一种间接或相对的校准方法。选择适宜的物质作为预测组分的参比物，定量加到样品中，依据欲测组分和参比物在检测器上的相应值(峰面积或峰高)之比和参比物加入量进行定量分析的方法称为内标法。特点是标准物质和未知样品同时进样，一次进样。内标法的优点是不需要精确控制进样量，由进样量不同造成的误差不会带到结果中。缺陷在于内标物很难寻找，而且分析操作前需要较多的处理过程，操作复杂，并可能带来误差。

内标法是色谱分析中一种比较准确的定量方法，尤其在没有标准物对照时，此方法更显其优越性。

任务实施

一、实验准备

1. 仪器设备

1）100 mL 具塞试管。

2）气相色谱仪：配有氢火焰离子化检测器(FID)。

3）色谱柱：石英弹性毛细管柱，柱长 30 m，内径 0.25 mm，涂膜厚度 0.5 μm；Carbwax20M。或与此相当的色谱柱。

4）250 mL 圆底烧瓶。

5）浓缩设备(水浴、旋转蒸发仪或氮吹仪)。

2. 试剂器材

1）无水硫酸钠：650 ℃下灼烧 4 h，储于密闭容器中备用。

2）无水乙醚。

3）浓盐酸。

4）饱和氯化钠。

5）标准品正庚酸：色谱纯，纯度≥99.5%。

6）标准品乙酰丙酸：色谱纯，纯度>98%。

7）正庚酸标准溶液：称取 0.50 g 正庚酸标准品(精确到 0.000 1 g)，用乙酸乙酯定容到 100 mL。此标准溶液的浓度为 0.005 0 g/mL。

8）乙酰丙酸标准溶液：称取 0.50 g 乙酰丙酸标准品(精确到 0.000 1 g)，用乙酸乙酯定容到 100 mL。此标准溶液的浓度为 0.005 0 g/mL。

9）标准系列溶液：分别准确吸取不同体积的乙酰丙酸标准溶液于6个10 mL容量瓶中，各加入1.0 mL正庚酸溶液，用乙酸乙酯定容，得到系列标准溶液。具体加入试剂的体积参照表4-5。

表4-5 标准系列溶液配制

吸取乙酰丙酸标准溶液体积/mL	0.05	0.1	0.5	1.0	1.5	2.0
加入内标液体积(正庚酸)/mL	1.0	1.0	1.0	1.0	1.0	1.0
定容最终体积/mL	10	10	10	10	10	10
所得标准液浓度/(μg/mL)	25	50	250	500	750	1 000

3. 选择内标物注意事项

1）内标物应是一个能得到的纯样的已知化合物。

2）内标物和被分析的样品组分有基本相同或尽可能一致的物理化学性质、色谱行为和响应特性。

3）在色谱分析条件下，内标物必须能与样品中各组分充分分离。

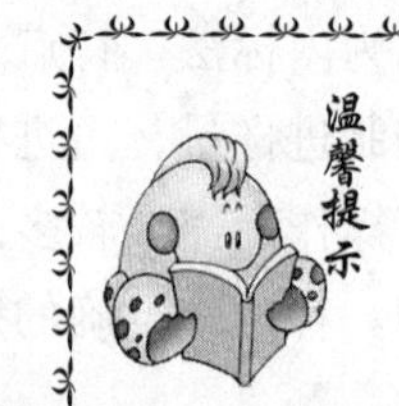

所用试剂均为分析纯，水为蒸馏水或去离子水。

正庚酸作为内标物添加，内标物不唯一。

二、前处理

1）准确称取5.0 g试样（精确到0.000 1 g）于100 mL具塞试管中，加入10 mL饱和氯化钠溶液、1.0 mL正庚酸标准溶液、浓盐酸3.0 mL，充分振荡1 min。

2）向上述具塞试管中加入50.0 mL无水乙醚，振荡萃取3～5 min，静止10～15 min。

3）待溶液分层后，吸取上层乙醚萃取液于250 mL圆底烧瓶中，重复萃取两次，合并乙醚萃取液，用10 mL饱和氯化钠溶液洗涤两次，弃去下层。

4）乙醚层用过量无水硫酸钠脱水，在45 ℃左右浓缩至近干，残液用乙酸乙酯定容到10 mL，备用。

5）用5.0 mL蒸馏水代替试样，按照上述步骤作空白试验。

三、测定

1. 设置气相色谱仪条件

（1）色谱柱温度 120 ℃，1 min $\xrightarrow{8\ ℃/min}$ 230 ℃，4 min。

（2）进样口温度 270 ℃。

（3）检测器温度 270 ℃。

（4）进样体积 1 μL。

（5）氢气速度 30 mL/min。

（6）空气速度 300 mL/min。

（7）尾吹气 30 mL/min。

（8）载气 高纯氮，纯度大于99.999%，流速为1.0 mL/min。

（9）注意事项

1）尽量采用高纯气源，空气必须经过5A分子筛充分净化。

2）在最佳的 N_2/H_2 比及最佳空气流速的条件下使用。

3）色谱柱必须经过严格的老化处理。

4）离子室要注意外界干扰，保证使它处于屏蔽、干燥和清洁的环境中。

5）长期使用会使喷嘴阻塞，因而造成火焰不稳、基线不准等故障，操作中应经常对喷嘴进行清洗。

2. 标准测定

用进样器分别吸取1 μL标准系列溶液，注入气相色谱仪，在上述色谱条件下测定乙酰丙酸与内标物质的响应峰面积。

3. 样品测定

用进样器吸取1 μL的试样，注入气相色谱仪，在上述色谱条件下测定试样，根据标样保留时间，确定乙酰丙酸和内标物质的峰位置，并记录乙酰丙酸峰面积和内标物质峰面积。

4. 空白测定

用进样器吸取1 μL的空白试样，注入气相色谱仪，在上述色谱条件下测定空白值，根据标样保留时间，确定空白试液中乙酰丙酸和内标物质的峰面积。

在上述色谱条件下，通常乙酰丙酸的保留时间约为14. 6 min，内标物质约为9. 7 min。

四、结果记录与计算

1. 绘制标准曲线

根据记录的标准系列乙酰丙酸溶液和内标物质的响应峰面积，以乙酰丙酸峰面积/内标物质峰面积为纵坐标，以乙酰丙酸浓度为横坐标，绘制标准曲线或计算回归方程。将实验数据填入表4-6。

表4-6　实验数据

乙酰丙酸标液浓度/(μg/mL)	25	50	250	500	750	1 000
A_i/A_s（乙酰丙酸峰面积/内标物峰面积）						

2. 计算试样中乙酰丙酸的含量

根据试样中乙酰丙酸和内标物峰面积记录，计算出乙酰丙酸峰面积和内标物质峰面积的比值，带入得到的回归方程进行计算，得出样品中乙酰丙酸的含量。样品中乙酰丙酸的含量，按式（4-5）计算。

$$X = \frac{c \times V \times 1\ 000}{m \times 1\ 000} \tag{4-5}$$

式中　X——样品中乙酰丙酸含量(mg/kg)；

c——测定用样品中乙酰丙酸含量(μg/mL)；

V——样品的定容体积(mL)；

m——样品质量(g)。

注意：

1）计算结果保留两位有效数字。

2）同一样品两次平行测定结果之差不得超过平均值的10%。

任务考核

表 4-7 酱油中乙酰丙酸的测定任务考核

序号	考核内容	标准	学生自评	教师评价
1	过程考核 采集数据	准确配制标准系列溶液相关试剂		
2		正确设置气相色谱仪参数并采集实验数据		
3		准确计算实验结果		
4	职业素养	态度严谨，操作安全		
5		如实记录实验数据及完成实验报告		
6		良好的团结协作能力		
		教师总评分		

知识拓展

一、气相色谱定量方法介绍

1. 外标法

当能够精确进样量的时候，通常采用外标法进行定量。这种方法标准物质单独进样分析，从而确定待测组分的校正因子；实际样品进样分析后依据此校正因子对待测组分色谱峰进行计算得出含量。其特点是标准物质和未知样品分开进样，虽然看上去是二次进样，但实际上未知样品只需要一次进样分析就能得到结果。外标法的优点是操作简单，不需要前处理。缺点是要求精确进样，进样量的差异直接导致分析误差的产生。外标法是最常用的定量方法，其计算过程如下。

（1）绝对校正因子 g_i 的计算

$$g_i = ms/A_i$$

式中　ms 是标准样品中组分 i 的含量，A_i 是标准样品谱图中组分 i 的峰面积。

（2）外标法的计算

$$m_i = A_i \times g_i$$

式中　m_i 是未知样品中组分 i 的含量。

2. 归一化法

归一化法有时候也被称为百分法，不需要标准物质帮助来进行定量。它直接通过峰面积或者峰高进行归一化计算从而得到待测组分的含量。其特点是不需要标准物，只需要一次进样即可完成分析。归一化法兼具内标和外标两种方法的优点，不需要精确控制进样量，也不需要样品的前处理；缺点在于要求样品中所有组分都出峰，并且在检测器中的响应程度相同，即各组分的绝对校正因子都相等。归一化法的计算公式如下为

$$m_i = \frac{A_i}{A_1 + A_2 + \cdots A_n} \times 100\% = \frac{A_i}{\sum_{i=1}^{n} A} \times 100\%$$

式中　A_i 表示组分的峰面积。

当各个组分的绝对校正因子不同时，可以采用带校正因子的面积归一化法来计算。事实上，很多时候样品中各组分的绝对校正因子并不相同。为了消除检测器对不同组分响应程度的差异，通过用校正因子对不同组分峰面积进行修正后，再进行归一化计算。其计算公式为

$$m_i = \frac{A_i g_i}{\sum_{i=1}^{n} A_i g_i} \times 100\%$$

与面积归一化法的区别在于用绝对校正因子修正了每一个组分的面积，然后再进行归一化。注意，由于分子与分母同时都有校正因子，因此这里也可以使用统一标准下的相对校正因子，这些数据很容易从文献中得到。当样品中不出峰的部分的总量 X 通过其他方法已经被测定时，可以采用部分归一化来测定剩余组分。计算公式如下为

$$m_i = \frac{G_i A_i}{\sum_{i=1}^{n} G \times A} \times (100 - X)\%$$

3. 内加法

在无法找到样品中没有的且合适的组分作为内标物时，可以采用内加法；在分析溶液类型的样品时，如果无法找到空白溶剂，也可以采用内加法。内加法也经常被称为标准加入法。内加法需要除了和内标法一样进行添加样品的处理和分析外，还需要对原始样品进行分析，并根据两次分析结果计算得到待测组分含量。和内标法一样，内加法对进样量并不敏感，不同之处在于至少需要两次分析。

二、定量方法对比和综述

1）外标法是所有定量方法的基础。在可以精确进样量的情况下，通常都采用外标法。

2）归一化法不要求精确进样量，但要求所有组分都必须出峰，或者所有出峰组分的总含量已知。有些时候虽然能够精确进样量，但所有组分都出峰的情况下，也使用归一化法。因为此时归一化法相当于外标法定量后对总量进行归一化误差修正。

3）内标法是在无法精确进样量，不是所有组分都出峰的情况下，进行定量的办法。相对而言，操作和计算都很复杂。内标法的关键是要能够找到合适的内标物。内标法的称量误差应小于色谱正常定量分析误差。

4）在无法找到合适内标物的无奈情况下，可以使用内加法。内加法操作复杂，计算烦琐，不是一种常用的定量方法。

三、检验乙酰丙酸的其他方法

测定乙酰丙酸的常用方法为香草醛-硫酸法、薄层扫描法、气相色谱法。香草醛-硫酸法只能定性，薄层扫描法只能半定量，气相色谱法是一种国家标准规定的方法，既可定性，又能定量。SH IN-LING用阴离子交换树脂色谱柱，采用柱后衍生法检测了酱油中的乙酰丙酸，设备要求高，装置复杂，色谱柱非常贵，整个运行过程约 1 h。江勇、朱惠芳报道了采用液相色谱法，用 C_{18} 柱测定酱油中乙酰丙酸，配制要求简单，灵敏度与柱后衍生液相色谱法相近，精密度好，在 20 min 内完成样品检测。

思考与练习

1. 内标法是一种什么样的定量方法？
2. 内标法和外标法有什么不同？
3. 现欲测丙酮中的微量水分，能否采用氢火焰离子化检测器？
4. 内标法与内加法有什么异同点？两者操作起来哪个更方便？
5. 测定酱油中乙酰丙酸有什么实践意义？

参考文献

[1] 徐凌. 食品发酵酿造 [M]. 北京：化学工业出版社，2011.
[2] 董胜利，徐开升. 酿造调味品生产技术 [M]. 北京：化学工业出版社，2003.
[3] 宋德花，傅文红. 食品卫生检测技术 [M]. 北京：中国质检出版社，2011.
[4] 上海酿造科学研究所. 发酵调味品生产技术 [M]. 北京：中国轻工业出版社，2011.
[5] 刘明华，全永亮. 食品发酵与酿造技术 [M]. 武汉：武汉理工大学出版社，2011.
[6] 祝美云. 食品感官评价 [M]. 北京：化学工业出版社，2008.
[7] 张水华，徐树来，等. 食品感官分析与实验 [M]. 北京：化学工业出版社，2006.
[8] 无锡轻工学院，天津轻工业学院. 食品分析 [M]. 北京：中国轻工业出版社，1983.
[9] 葛向阳，田焕章，等. 酿造学 [M]. 北京：高等教育出版社，2005.
[10] 黄高明. 食品检验工（中级）[M]. 北京：机械工业出版社，2005.
[11] S. Suzanne Nielsen. 食品分析 [M]. 杨严俊，等泽. 北京：中国轻工业出版社，2002.
[12] 杨洁彬，李淑高. 食品微生物学 [M]. 北京：中国农业大学出版社，1995.
[13] 朱乐敏. 食品微生物 [M]. 北京：化学工业出版社，2006.
[14] 周德庆. 微生物学教程 [M]. 北京：高等教育出版社，1993.
[15] 徐孝华. 普通微生物学 [M]. 北京：中国农业大学出版社，1992.
[16] 李昌厚. 紫外可见分光光度计 [M]. 北京：化学工业出版社，2005.
[17] 贾春晓. 现代仪器分析技术及其在食品中的应用 [M]. 北京：中国轻工业出版社，2002.
[18] 陈培榕，邓郭. 现代仪器分析实验与技术 [M]. 北京：清华大学出版社，1999.
[19] 武汉大学化学系. 仪器分析 [M]. 北京：高等教育出版社，2001.
[20] 朱明华. 仪器分析 [M]. 北京：高等教育出版社，2000.